余生，做一个自带光芒的女子

格姐 著

中国友谊出版公司

图书在版编目（CIP）数据

余生，做一个自带光芒的女子 / 格姐著 . — 北京：中国友谊出版公司，2020.4

ISBN 978-7-5057-4516-2

Ⅰ . ①余… Ⅱ . ①格… Ⅲ . ①女性－成功心理－通俗读物 Ⅳ . ① B848.4-49

中国版本图书馆 CIP 数据核字 (2020) 第 015609 号

书名　余生，做一个自带光芒的女子

作者　格　姐

出版　中国友谊出版公司

发行　中国友谊出版公司

经销　新华书店

印刷　河北鹏润印刷有限公司

规格　880×1230 毫米　32 开

8 印张　137 千字

版次　2020 年 4 月第 1 版

印次　2020 年 4 月第 1 次印刷

书号　ISBN 978-7-5057-4516-2

定价　46.80 元

地址　北京市朝阳区西坝河南里 17 号楼

邮编　100028

电话　（010）64678009

前　言

距离出版第一本新书《越独立，越高贵》已过去一年，记得和孟非老师聊天的时候还被夸奖说，这个书名起得很好的。

诚然，在这个万物变迁的时代，女性独立是一种坚韧不拔的力量，不讨好每一份冷漠，不强求每一份热情，你就是你，没有人可以随意去动摇你。

你自身的光芒不会因为任何人而起，也不因任何人而灭。

思量了许久，我把第二本书取名为《余生，做一个自带光芒的女子》。

因为我欣赏这样的女子，不知道你有没有发现有些人是有光芒的，但这光芒绝不是刺眼的，让人不快，那光芒像冬日里的暖阳，是和煦而有温度的。

这样自带光芒的女子，就算在逆境的黑暗中，内心里也充满温暖热与爱，闪闪动人，让你不自觉地想去亲近。

其实几乎每个人都有过难熬的日子。在那满是疮疤的日子里，人常常会感到无助，甚至崩溃，各种残酷夹带着风霜雨雪扑面而来。

人生本就是起起落落的，别太在意风吹花落，别再眷恋远逝的韶华，跌倒了，你可以爬起来，人生转瞬即逝，不要辜负自己。

一个温和而坚强的女子，身上总有种特质，温暖了自己，也照亮了人世间的灰暗。

杨绛在自己的百岁感言里写道："我们曾如此渴望命运的波澜，到最后才发现，人生最曼妙的风景，竟是内心的淡定和从容。"

做个温暖的人，感知这个世间细微而朴素的美好，不为难他人，也不为难自己，每个人都有自己的时区，不必太过纠结。不惊扰别人的宁静，就是慈悲，不伤害别人的自尊，就是善良，人活着，发自己的光就好，不要吹灭别人的灯。

只有懂得把自己的内心安顿得丰盈美好，才能在往后余生里过得从容自若。

就像张爱玲所说：所有的女人，终有栖息之地，不是他人，唯有自己。没有人能保证自己能陪你一辈子，给足你安全感。

愿你成为这样的女子，挖掘自身的优点，并且努力让这个优点成为我们身上的光。

即使在难熬的日子里，格姐也希望通过这本书籍，可以带给你一丝丝的慰藉与光亮，让我们一起成为那个自带光芒的人。

胜不窃狂，挫不言败，不轻犯险，不易冒进，不松懈，不停顿，困苦都在脚下，未来终将美丽。

愿你，心中有光，身边有暖，卡里有钱，平安喜乐，得偿所愿。

毕竟，来人间一趟，就要闪闪发光。

目　录

CONTENTS

PART 1
享受独处，别浪费爱

PART 2
若想精彩，那便可爱

PART 3
不必讨好，自带光芒

PART 4
你的“言”值，决定气质

PART 1

享受独处，别浪费爱

一个人时，善待自己；两个人时，善待别人

有能力爱自己，有余力爱别人

一万个故事里我最是受不了失爱这种事的。

总觉得两个人一段路，既然把风景都看过了，索性赚它个天长地久的痛快。

可偏偏爱是最由不得自己的事情，开始时情不自禁，结束时难以自控。我们都是被命运牵着走的木偶，那条长长的线，我们唤作时间。

昨夜，秦姓闺蜜发消息给我，她分手了。

我在小区门口等到她，因为大哭过的原因，她握方向盘的手始终在微微颤抖，我赶忙把她换将下来，把车子开到了地下室。

四下无人的时候，她的眼泪比上海前夜的暴雨还要汹涌。

是爱了8年的人儿，眼看就可以准备着结婚了，对方告诉她，家里给相亲了，要娶别人。

这么狗血的事情发生在这个不到90斤的弱女子身上后，她看起来没有一点点撑得起的力气。

在抱着她的时候，我想起来阚清子和纪凌尘分手后，她的微博评论区的一条留言：

对女人来讲最好的人生是：有能力爱自己，有余力爱别人。

我知道，此刻说什么安慰的话，都不过是些无关痛痒的陈腔滥调罢了。

不如给她给一片盛放眼泪的河床，毕竟所有恋爱的关乎悲或喜的感受，在往后的日子里都将成为笑谈阵阵。

如果实在还有一句要留给她的话，我想便是这句：

你是女人，你要懂得善待自己，在爱别人之前，务必要好好爱自己。

也许其他人都在忙着祝你早日脱单或者天长地久，但我希望你能从容不迫，做好自己，在乌云或混沌中，静待花开。

01

记得汪涵曾在书里写道：一个人时，善待自己；两个人时，善待别人。

但往往，我们会陷入这样的逻辑误区——拼了命地对别人好，然后祈求能获得相同的回报，等到求爱不得的时候再去怪罪对方：明明我对他那么好，他凭什么反过来这样对我？

不由想起朋友H的一句话：你自己都不爱自己，凭什么让别人来爱你呢？

我想，这后一个“凭什么”，已经足够让第一个“凭什么”释然了。

在我看来，爱不是一个苹果与一只梨子的等价交换。

爱是我守着一棵苹果树，等它结满了果子的时候，我再去栽一棵梨树，待梨树也长成了，然后遇到那个卖梨路过的少年。

那时候，我可以用苹果招待他的风尘仆仆，听他讲过来一路的故事。也可以摘下一些梨子，和他一起去往那远处的喧闹集市去。

假使他不愿意逗留这一处阴凉，我也可以在我的树下安心等着，直到遇到下一个、下下一个愿意为我驻足的人儿。

太执着于对别人好，往往容易让我们迷失自己。

很早之前我就明白了一个道理，要看淡他身上的光芒，因为那光芒越亮，光芒外的你就越透明，越容易被无视。

你可以爱一个人到尘埃里，但没有人会爱这个尘埃中的你，不只是因为你的卑微，还有你爱得沉重。

因此，让自己闪闪发光才是最重要的事，用一束光芒去吸引另一束光芒，那样，你才可以永远存在于明亮和温暖之中。

02

与其说善待自己是种心态，不如说它是项技能，一项可以让你的生活实现升级的技能。

不只是出门前准备把伞，在包里放两个创可贴，善待自己更是绝对自信，然后去做你热爱的事情。

并相信如此下去一定有所收获。

去赚一些钱，买自己喜欢的衣服和首饰，垂涎的餐厅也可以负担得起。

去打扮自己，练习化妆然后尝试不同的容貌，穿各种好看的裙子，搭配不同样式的高跟鞋。

去改变居住环境，养几盆花、几条鱼，在冰箱里准备好水果和酱菜，铺好看的地毯，挂好看的窗帘，再在床头放一盏昏黄的小灯。

准备一两个爱好，例如瑜伽、旅行，在阳光明媚的日子里就去做，然后收获愉悦，天气不好就窝在沙发里看部电影流点儿眼泪。

去读书，拥有智慧，拥有可以和他人交流而不费力气的底气，书能扩张这个世界的外延，也能让你空阔的心灵变得饱满。

也可以爱一个人，把每次遇见都视作不可多得的“小确幸”，他是让你笑的开心果，但如果他让你难受了，决不能为他掉眼泪，眼泪会破坏自己。

去让自己拥有美丽的外表和丰富的内心，不畏将来也不惧失去。

让每一个决定都是自己为自己而作。

与自己和平相处，让内心收获自由，享受人生苦旅中的每丝清甜的余味。

董卿说过，**把平凡过成不平凡需要一份运气，但享受平凡只需一份底气。**

学会了善待自己，并不一定会让你的生活产生多少地覆天翻的变化，但足够让你拥有平淡岁月中的这份底气。

依此，当别人还在琐碎中拖沓、在一地鸡毛中愁眉苦脸时，你却把生活的每个细节都变得精致，每一寸光阴都变得充满趣味。

用董卿的另一句话讲就是：

当别人还在生活的苦潭里挣扎，你却可以奔跑在宽阔无垠又处处是方向的生命河床上了。

03

等具备了爱自己的能力，当爱情真正降临，我们才不会茫然慌张手足无措。

以前看过个帖子，问的是："在爱情里，你做过最后悔的事情是什么？"

其中被置顶最高的一个回答说："我见过她最美的样子，买过最好看的裙子，在不同的时期。"

有一种心酸叫作：我把想遇到的人遇到了，可我还没成为自己该成为的人。

在你最美的时候，我配不上你，待我终于有能力可以坦然地站在你面前时，却发现，有些人有些心思终于是跟着时间就这么一起溜走了。

缘分总是不期而至的美妙蝴蝶，但在爱情的田野之上，你得有用来奔跑追逐的脚力，和手中结实的补网，才能让那美丽从你的视线里到你的手里。

在看《初恋这件小事》的时候，不由自主便被女主小水感动到。

在学长阿亮面前，她可能是毫无亮点的“丑小鸭”，只可远远地观望着其他女生争夺关于他的主动权。

但爱不是用来让人自卑的，它是充满了使人勇敢无畏的神奇魔法的美好事物。

于是，为了能在毕业的时候光鲜亮丽地站在对方面前，和爱人进行一次默契的注视，她开始打扮自己让自己变得漂亮，努力读书然后考年级第一，参演没人会看的话剧，练习军乐指挥等等。

每一件事都是小事，她却像对待救命稻草那样紧紧地抱着它们。

等时间久了，人们才发现，她抱着的却是棵参天大树，在这些努力面前，初恋才是真正的小事。

当然了，命运最终选择垂青这个不断努力的女孩子。

故事的最后，当她成为一名优秀的服装设计师从美国回来时，曾经的心爱之人也终于对她说出了那句：“我在等你呢。”

我们有理由相信，在经历过那段为爱成长的时光之后，小水会比任何人更珍惜也更善于处理爱情里的每一个细节。

她的幸福，是逆水行舟的热烈，是漏船载酒的幸运，更是在沉默的时光里始终不违背自己内心的孤勇和毅往。

这是比学长阿亮还要诱人的收获。

先有能力爱自己，再用余力去爱别人。

你的好只有这一份，交给别人，只会被消耗完。

但留给自己，它会衍生出更多的好来，到了那时候，再分给别人也不迟。

何况爱是熟能生巧的事情，在自己身上试验成熟了，再去施行于别人，才有可能避开所有恋爱的荆棘。

有句话说得好：

当我真正开始爱自己，我才认识到，所有的痛苦和情感的折磨，都只是提醒我：活着，不要违背自己的本心。

是啊，到这世上走一遭，我们终究是在与别人的相处中进行一场修行。

这其中，坚守自己它不是去获取某种胜利的修罗场，而是一座高大而漫长的巴别塔。

给自己一点时间，好好爱自己吧：爱自己的身体，爱自己的健康，爱自己永远潮湿的眼眶，爱自己总在渴求的灵魂。爱你正在做的每一件事，享受时间里的每一刻。

人生漫长，愿你善待自己，别浪费爱。

生活过得精致的女人，到底有多性感？

朋友阿 C 有一个曾被“吐槽”的习惯：每天清晨，光亮一冒出天边，她就准时起床。不管前一天睡得多晚，第二天都风雨不改。

她说，会不会睡个回笼觉是一回事，但**让自己看到每天的第一缕阳光，是最最重要的事，只有这样，那一天才会舒心地度过。**

而当别人都因为想多睡半个小时，早饭只能在上班路上顺手买个包子加份豆浆凑合着解决的时候，她却不慌不忙地花 30 分钟，做一份精致的元气早餐。

在开动之前，还会认真摆盘；用 To do list 把今天要做的事情，分轻、重、缓、急列好清单；最后甚至在清单结尾处郑重地给这一天写个序言。

过去好友都觉得她这种行为不过是在折腾自己，但看着她坚持到现在，那些不理解渐渐变成了羡慕和敬佩。

上次见面提及这件事，她淡然地解释道："我只是想要我的生活每一天都值得期待而已。"

年岁渐长后，生活之于大多数人而言，就像一潭再也激不起波澜的水，平静而乏味。

无灵魂的机械化运作成为日常。日子像高中数理化公式，只有死磕，没有万一和惊喜。

日复一日的日子，只是在活着，而不是在生活。

同事Nana和阿C一样，同样有着一个"雷打不动"的习惯：

每周至少会给自己买两束花摆在桌角，旁边有专门的浇水器；每天早上一边喝着热腾腾的咖啡，一边惬意地给花浇水。

在工作前，会花上20分钟把昨日因为过于忙碌而凌乱无比的桌子认认真真地收拾和擦拭一遍。

看着她乐在其中，同事没少笑这是浪费时间的举动。

但收拾完后，Nana能量满满地启动一天的工作。午睡时间过去，大家的大脑才完全褪去早起的疲惫，开始进入高速运转的工作状态，Nana却已经在做工作收尾及审核了。

显然，那些举动不仅不是浪费时间，反而助力她的工作大大提高效率。

在每个人都忙到焦头烂额，气氛紧张无比的办公室里，Nana一切尽掌握在自己手中的安定清净的模样，美好到让人难以移走目光。

不久前和她讨论提高工作效率的问题，她的回答给我留下很深刻的印象：

只要每分每秒都精致地度过，生活有生活的样子，工作有工作的态度。在每个细小的方面，都别丢弃该有的仪式感，自然而然的，就是你来掌控生活，而不是生活来掌控你了。

Nana的仪式感，不是某个时间段，或是某个场景下多么盛大的仪式，而是每个细小琐碎的当前，都用自己喜欢的仪式“隆重”地度过。

提及仪式感三字，大部分人所联想到的，只有人际交往上的仪式感。

好朋友过生日前，精心给对方挑选礼物，掐点送上生日祝福。恋爱纪念日的时候，订装修漂亮有味道的餐厅，准备浪漫的惊喜。“家庭聚餐日”那天，不论多忙都腾出时间。

但自己的生日、第一次踏入职场、在工作上头一回拿下“大单子”那天，每个对自己而言明明不普通的日子，却跟平常没什么两样。偶尔最大的奖励，也只是打开网购APP，给自己买件新衣服或者新口红。

竭尽全力给在意的人仪式感，记住别人的好时光，唯独忘记好好对自己。

邋里邋遢过日子是每天的日常，生活是枯燥的循规蹈矩，在运作的，只有麻木的躯壳。

常常会有人问格姐：为什么活着活着，生活渐渐就失去盼头和期许了呢?

我想，也许不是生活太狠心把我们丢了，而是我们没有用心抓住它。

把自己的人生活得精致，其实是极为重要的仪式感。

当一个人怀揣着“敬畏心”过好每一天，被在意和尊重的时光，自然会在往后余生里，给你一个好的回应。

让岁月不负你的条件，是你别去负岁月。

很喜欢这样一段话：

也许有时候，我们会觉得仪式感不重要，甚至矫情、作。可是有时候，没了这些仪式感，人生就像干巴巴的沙漠。

仪式感是一种情趣，让你变得精致而优雅。

有仪式感的姑娘，总是活得很美。她们用心经营生活，将平淡无奇变得风花雪月。

把每天的小日常过得有仪式感，也许明天后天，短时间内的你，日子依旧平平无奇。

但久了以后，它会一点一滴改变你，把所有的小亮点堆积起来，变成无比闪亮的光。

它会让平凡的日子发出光。而那束光，会让在人群中的你非但不被淹没，还能格外璀璨和闪耀。

之前在一档相亲节目里，一位女嘉宾说起这样一段经历。

她在咖啡厅里遇到一个男孩子让她很心动，鼓起勇气过去请对方喝杯咖啡，想以此示好，结果被拒绝了。

一会儿过后，她朋友过去找那个男孩做同样的邀请，意外的是，男孩笑着答应了。

女嘉宾给当时的观众做描述的时候，说自己头上只随意地扎了个马尾，身上穿着宽松的灰T，脚上趿踏着舒服的人字拖。而朋友不论是妆容还是穿着上，都极其追求整洁和精致，整个人看起来都很有气质。

说到最后，女嘉宾恨恨地把男生归为肤浅的外貌协会。

但格姐想说，注重外表和肤浅不能就此画上等号。反之，得体的穿着打扮，不仅是对别人的尊重，也能在另一方面，展示你的气质和修养。

倘若自己都觉得镜子中的自己难以直视，凭什么让别人多看你一眼呢?

想得到所欣赏期盼的爱人的前提，是你也去成为那个值得“入眼”的人。

就像朋友说的那样：“女人一定要做个精致的人，拥有一副精致的面容、一颗精致的心，如此，你才能得到精致的爱。”

生活不是盲目地看向远方，而是把此刻过好，才能看得到远方。

这世界，多的是时光，少的是无愧于心。

唯有活得有情趣一些，对世间万物皆怀情，如此，这一生才不悔来世界一程。

最后，愿你做热爱生活的人，也被生活所热爱和温柔以待。

女孩子越活越好的7个迹象

女人最好的状态是什么？

丰子恺的诗里这样写：

可怜一片无瑕玉，误落风尘花草中；嫌他村落无盐女，不宠无惊过一生。

冰心说：

爱在左，同情在右，走在生命的两旁，一边播种，一边开花，将这一径长途，点缀得香花弥漫，让其中穿枝拂叶的行人，踩着荆棘却不觉得痛苦，有泪可流却不觉得悲凉。

杨绛说：

愿成为一块石头，守望着我已经看不见的小船。

不论怎样，要把日子过得通透、越来越好，我们都离不开这7条人生智慧。

01

享受独处

曾经我们都追逐人来人往，熙熙攘攘，图个热闹。

畏惧孤独，怕一个人。

往后走，见过的人越繁，经历的事越多，才终于懂了，生活的意义就是让你习惯告别，学会独处，并且领会“一个人”的魅力。

每个人只能陪你走一段路，余生，良辰美景，终要一个人看；喜怒哀乐，终要一个人受。

心里可能盛着千山万水，但日子就是一场孤旅，当你真正独自上路之后，才发现一个人的夜晚也可以繁星点点，一个人的三餐也可以津津有味。

“墙角的花，你孤芳自赏时，天地便小了。”

越活越好的女孩子，你在看不到她们的时候，她们照样绽放，五彩斑斓。

02

不再羡慕

越活越好，你需要一颗日日见长的**平常心**。

不再愁苦于她有花而你没有，不再忧郁于她有陪伴而你没有，不再阴沉于她有宠爱而你没有，不再行于她有好运而你没有。

渐渐地平淡，渐渐地专注于自己的世界，渐渐地不再羡慕。

因为你知道，**命运对大家都是公平的，该来的总会到来，不必着急。**

浅喜似苍狗，深爱如长风。

该你的美好和属于你的宠爱，都整整齐齐地排列在路边，花香草绿，虫语鸟鸣，你脚步轻盈，在阳光丰硕的天气里，然后遇到它们。

03

习惯从容

一切事物，物来则应，过去不留。

从容是种姿态，更是种永恒的情怀。

对往事不再纠缠，对当下不再犹豫，对未来不再茫然，待朋友真诚，待爱人深情，待家人尽心，待陌生人也眉眼全开，充满温柔。

面对痛苦，不再啼天啸地；面对背叛，不再耿耿于怀；面对困难，不再惊惶无措；面对未知，不再畏畏缩缩。

生命到达它的尽头的时候，你才会知道，今天你的跋涉，都只是为了日后一样灿烂而又寂寞的结局。

所以习惯从容，像拥有世间万物然后需要归还那样。

04

注重内涵

若有气质藏于心，岁月从不败美人。

美人在骨不在皮，多么精致的面容，终究会在日月的蹉跎之中化作乌有，不朽的只有一颗充盈的灵魂。

越过越好的女人，她们用来装扮的时间在减少，增长自己见识和提升自己的内涵的时间在增多。

去读书，高级气质必然离不开知识的熏陶。

去旅行，见识不一样的世界，丰富自己的阅历。

减少无效社交，去结识富有光芒的朋友；弱化娱乐工具的比重；少一些虚妄的喜好和追求，做一些热爱而值得的事情。

真的，要爱上书籍。

读书多了，容颜自然改变，许多时候，我们可能以为许多看过的书籍都成了过眼云烟，不复记忆，其实它们仍是潜在的。

在气质里，在谈吐上，在胸襟的无涯，当然也可能显露在生活和文字里。

往后注定还要有许多风雨，但有了内涵，便也有了伞。**纵使前途布满泥泞，或者高不可攀，内涵就是我们所有最结实、最不会背叛你的安全感。**

05

热爱自我

“一个人至少拥有一个梦想，有一个理由去坚强；心若没有栖息的地方，走到哪里都是流浪。”

热爱自己，是希望你独立；

热爱自己，是希望你自信；

热爱自己，是希望你自由；

热爱自己，是希望你完整。

热爱自己，热爱自己的伤痕，热爱自己的行囊，热爱自己的梦想，热爱自己失去的以及正在失去的一切，热爱自己拥有的以及还未拥有的一切。

生命的本质在于生命的乐趣，这一乐趣是持久而宁静的，而非转瞬即逝。

因此，那些越活越好的女人，这种乐趣正藏于她们的灵魂深处；对于自身的热爱，足够保证她们相信自己所做的是对的。

所以，她们才能在乱象中抽丝剥茧，在迷雾中拨云见日，拥有不枉的人生。

06
不甘当下

是不甘当下，也是心怀梦想，野蛮生长。

可能你的屋子还不够大，可能你的薪水还不够高，可能你的爱人还没有到，可能你正过着一种你不情愿的生活。

可以平凡，但不能平庸；可以失去，但不能放弃；可以充满遗憾，但不能少了不甘。

因为只有不甘，才能帮助你打破当下的逼仄。

从而抵达更好的人生。

你需要奋斗，让自己充满精神地跑起来，喜欢的东西就赚钱把它买回来，喜欢的人就提升自己然后去迷了他的眼。

没有什么能阻止你进步，除了你自己。

对生活保持一种饥饿感，相信自己配得上更好的，要知道，**日子还很长，还充满了无限的可能，你的潜能，遇到你的不甘之后，会让你大吃一惊的。**

07

无惧未来

越过越好的人，从来都是以一个挑战者的模样，直面未来的。

恐惧源自未知。

有时候，我们之所以害怕未来，是因为我们不知道，以后还有多少炎光风霜等着我们，而我们又是否做好了应对的准备。

但越过越好的女人，她们是昂首挺胸往前走的。

她们所信奉的，不是“车到山前必有路”的侥幸主义，而是“我知道那会很难但我已经做好了面对一切未知的准备”的英雄主义。

模糊不清的未来，不可跳转，不可跨越。

与其战战兢兢，如履薄冰，不如昂首阔步，走出个虎虎生风，走出个天辽地阔，走出个狭路相逢勇者胜。

愿你永远记住，主宰自己的生活，然后成为更好的自己，比什么都重要。

所有的坚强，都是柔软生出的茧

随意翻书，看到了这样一段话：

高跟鞋给的骄傲，平底鞋给不了。平底鞋给的安全感，高跟鞋给不了。世上的女人只有两种：一种是幸福的，一种是坚强的！

幸福的：是被捧在手心里，无须坚强。而坚强的：是被化在泪水和委屈里，不得不坚强！

什么时候，女人竟被分成了两类：一种幸福，一种坚强。不幸福就坚强的定论让我恍惚又无奈。

张嘉佳在《从你的全世界里路过》记录：“**所有的坚强，都是柔软生出的茧。**”

这句话再次戳痛到我。何为坚强？不可摧毁、无可动摇，它是强者的代名词，是光鲜绚丽、是自信自持，是无数人追逐的终点。

偏偏此刻有人告诉我："如若可以，宁愿锦觅安宁淡云流水，也不做那刚强王者。"

因为坚强的她们，表面很酷，独处时很苦。

01

生活多无奈，除了坚强别无他法

之前看《摔跤吧，爸爸》，里面有一幕印象深刻。

好友举办婚礼，女孩吉塔和巴比塔偷偷装饰自己溜去盛装出席，结果父亲闯入现场大发雷霆。

她们哭着和好友抱怨："谁的父亲会每天凌晨5点喊自己的女孩起来训练，就像奴隶一样，谁会想要这样的父亲？"

"我要，"好友却笃定地回复："我想要这样的父亲，我愿意剪短头发像奴隶一样训练，当你们像我这样，14岁就被嫁给一个连面都没见过的男人，从小就只和锅碗瓢盆打交道时，你们就会庆幸。"

庆幸有一个心疼女儿的父亲，有一个替女儿的未来做规划的父亲，有一个可以自己掌控未来的生命。

至此之后，她们坚强如顽石，早起晚睡，跑步摔跤，电影的镜头配着欢快的背景音乐，隔着屏幕仿佛也能感受到她们光明璀璨的未来。

说实话，她们哭诉父亲的严苛时，好不心疼，但夕阳西下，看着她们一行人在余晖里跑步时，好不欣慰，因为有期盼的未来，因为有同行陪伴的人。

她们的坚强，那一声声加油，是一个家庭的期盼，是一个国家的希望。

看完视频后，我和好友盼盼闲聊："你看，吉塔和巴比塔她们那么拼，是想拿奖牌，不管不顾的，我们呢？"

盼盼毕业后，做市场常年出差、驻店，为了工作方便，一直都住在酒店，行李都没有完整的从箱子里拿出来过。

她没有正面回答，只是调侃："别纠结为什么了，我就问你，中国女人哪个不坚强的？"

盼盼这么拼，我多少是知道的。她的亲哥要结婚，房子车子一大笔钱；她妈妈一天做两份工，差点被忽悠了去传销的时候，我去了。

"谁家妈谁心疼，但你们也不能这么逼我啊。"实在凑不上钱的时候，她妈想让她也赶紧结婚，用女儿的彩礼补贴给哥哥买房。

谁又是天生坚强的人，但有时候，除了坚强别无选择时，你也只能沉默坚持。

02

哪有什么坚强，不过都是在死扛

爱情里，生活上，半分由不得你，推着你向前走的日子太多。

电影《2046》里，梁朝伟演的周慕云靠写文为生，住在了2047号房，逢场作戏、潇洒快意，但住在2046的女孩白玲还是不自知地爱上了他。

第一夜他留宿，走时拿出10元的时候，白玲就知道自己和那些女孩一样，但她不甘心，询问他的踪迹，在门缝里看他是否来了新人。

他带人回来，她赌气也带其他男人回家。

但慢慢地，她开始认清事实，周慕云的心从来都不会为她停留，他不再来，她开始主动送上门："今天换我借你。"

逢场作戏他也不愿意的时候，她搬走了，再见时她已准备离开这座城市。当她执意请客，拿出一沓10元时，不知道这个男人会不会有一丝的动容。

那时他们曾约定，男人来她这一次，给一张10元，她收着，珍藏着，就像保护这段难以自持的感情。

白玲决绝转身，在声色场无数次擦肩而过也面不改色时，她的洒脱果决令人敬佩。可是多年后，当她拿出随身带着的那许多10元时，我就知道，哪有什么坚强，不过都是在死扛。

深爱没有回应时，节日也没有人陪伴度过时，孤独难耐的日子多了，心就硬了。不是放下了，而是不得不放下。

有时候想想周慕云之于白玲，何尝不是苏丽珍之于周慕云。爱而不得，爱而不能宣，亦不能追，坚守着不打扰是最后的温柔，躲在自己的角落，默默怀念。

《2046》是《花样年华》的下集，前一部里，苏丽珍和周慕云是邻居，双方却都结婚有了心爱的人，他们彼此发现自己的另一半出轨，再惺惺相惜聚在一个叫2046的房间里疗伤。

他们模拟彼此爱人和自己对话的场景，一起哭一起笑，最后周慕云还是爱上了这个叫苏丽珍的女人，却没有示爱的理由、在一起的可能。

转身远赴新加坡的时候，她在等自己出轨的丈夫回家，他在鼓足勇气逃离自己最爱的人，你说他们坚强吗？

为昔日恩爱坚守的苏丽珍也好；为真爱斩断困扰远赴国外的周慕云也罢；抑或是深爱却不想打扰搬家的白玲。

每一个难以抉择的选择背后，都是无奈；每一个坚强洒脱的时刻，都是强撑。

03

不想要强，可惜没有停靠的港

太多人只看到坚强表面的光，却很少人关注到她们背后的徘徊和彷徨。

知乎上有个问题：“独在异乡，最怕听到什么话？”

有个回答很戳心：“有一天打电话回家，妈妈突然问我，一个人在外面累不累的时候，我泪奔。”

我不是一个矫情的人，但亲人的一句“累吗”，就这么毫无防备地打中了我的软肋。

都说最怕突如其来的关心，特别是身边的挚爱，因为成年人的世界，没有容易二字。

粉丝给我留言，她的签名一直是“没有伞的孩子，要努力奔跑”。

有一天喜欢的人夸她很努力、很有拼劲的时候，她和我说：“我多想告诉那个人，其实我一点也不想要强，我一点也不想做那个独当一面的人，我甚至想无所事事，想每天‘刷剧’，可是我不敢。”

因为再累，再想放弃的时候，回头一看，空无一人的落寞时刻提醒着我：“你得努力奔跑。”

安娜·昆德兰在《不曾走过，怎会懂得》一书中写：“一个懂你泪水的人，胜过一群懂你笑容的人。”

电影《模仿游戏》中说：“不懂你的人为你的成就喝彩，懂你的人为你的付出心疼。”

坚强需要代价，多希望你们不用体会这背后的苦，也可以自信坚韧、收获幸福。

多希望坚强不是伤痛后结出来的保护茧，而是见过众生后的懂得，是欢笑声里的教导和领悟。

余生太长，只愿有人懂你所有的言外之意，有人心疼你的欲言又止，有人看穿你坚强背后的柔软。

越痛越不动声色，越苦越保持沉默

有人说：“沉默，是最大的哭声。”

说的是一个人习惯了痛，挣扎过，内心撕扯难受极了的妥协，再也说不出一句话，再也不想争辩。

是放弃，是看清，是无力，是失望更是绝望。

当你越来越沉默，越来越不想说，背后又有着怎样的心理变化。

01

沉默，是尽力后的释怀

这是个流行离开的世界，大家却不擅长告别。

在电影《后来的我们》里，还记得方小晓决定离开的那天，林见清像往常那样埋头打着游戏。方小晓简单地交代了几句，背起了书包就出了门。

林见清自始至终都没有抬头，直到第七感促使他冲出了门，一个上了电车，一个站在车门外，相对无言的那几分钟，好像就注定了结局。

也许有些感情只能到这里刚刚好，也许有些人只适合留在回忆里。

都说真正要离开的人总是安静，平静一天的上午，你以为她只是出门买了包盐，没想到她就再也没有回来。

那句没有说出口的回应，那句关门后的宁静，是叹息，是追忆，是释怀。

《西部世界》有这样一段对话，男人说："也许有一天我会带你去。"

她问："有一天……不是今天明天或者下周，很多人都这么说，其实是永远不会。"

你看，话语里那许多美好的假象，我们都懂，只是不说，或者说总是心存一丝幻想，期盼着昙花一现。

后来慢慢发现，就这样吧，美丽的谎言也罢，纵然左右不了结局，尽力过就好，只要多年后回忆，自己内心知足，没有丝毫亏欠，没有任何本可能的遗憾，这已足够。

其他的一切，不说、不问、不答，失望攒够了，就选个风和日丽的天气，出门就好，晒晒太阳、散散步、再不回去。

02

沉默，是经历后的一种选择

李咏的突然逝世，震惊了无数人，周玄毅的一段话让我印象深刻：

你感慨名人扎堆去世，是因为你老了。小孩子就算知道这些人，也没什么好感慨的，因为只是些名字，跟他们的生活没有交集。只有我们记得，我们曾经跟这些有趣的人共同生活在这个世界上。他们慢慢散去，世界慢慢黯淡。

是啊，我们真的长大了，当耳熟能详的人一个个地离开，猛然间意识到自己都这么大了。

罗京曾说：“少和让你生气的人在一起，少和事多的人在一起，少和不懂感恩的人在一起，少和敷衍你的人在一起，少和谎话连篇的人在一起，让自己多活几年！”

被人质疑，只管专注内心就好，你不是替别人活。

有人要和你争持吵闹，笑笑让让就好，别和不值得的人浪费情绪。

当你经历生死，当你真切地失去，你会发现太多执着的事情根本不算事。

上海复旦的于娟老师记录了自己抗争癌症的全过程，她说：

在生死临界点的时候，你会发现，任何的加班，给自己太多压力，买房买车的需求，都是浮云。

如果有时间，好好陪陪你的孩子，把买车的钱给父母亲买双鞋子，和相爱的人在一起，蜗居也幸福。

这时候你会发现，沉默是包容，是共情，是放过自己的淡然。

生活的乐趣那么多，一笑而过的不慌不乱，真诚体验的沉浸享受，是经历过后的一种选择，是给自己最好的体面。

03

沉默，是不动声色后的成长

王小波的杂文《沉默的大多数》里提到，世界太过荒诞，所以暗下决心保持沉默。

他说：“从话语中，你很少能学到人性，从沉默中却能。

假如还想学得更多，那就要继续一声不吭。”

沉默是针对公开秘密的态度，是避免滥用话语权力的善意，是表达自己独立尊严的方式。

观念冲突时，耐心地听完，是尊重；明知道对方说话内容带有夸张成分，不戳穿，是修养；选择性沉默，是懂得、是通透、是由内而外的善意。

谦谦君子，笑而不语。猛然间，看破不说破时，才发现，我们真的是长大了。

很喜欢电影《艋舺》，真诚、无奈、义气、爱情，讲的是一段黑道兄弟纠葛。

记得里面有这样一段话：

你知道吗，风往哪个方向吹，草就要往哪个方向倒。年轻的时候，我也曾经以为自己是风，可是最后遍体鳞伤，我才知道我们原来都只是草。

赵又廷饰演的蚊子说：“17 岁那年，我为了一根鸡腿，加入了黑道。1987 年，我们一起走进大人的世界，并且一去不回。”

小的时候总是盼着长大，想不被管着，想无法无天，想过肆无忌惮疯狂享受的日子，等真的长大后，才发现生活多无奈，选择多难做，无数人多在被动。

微博上看到一位素人留言：“有时候，觉得什么都是假的，但这并不妨碍我发自内心地相信，并爱着这个世界。”

成年人的世界，从没有容易两字，有时候总是会怅然若失，你看，总是要做个大人了啊，你已经是个大人了啊。

是啊，某年某日的某个瞬间，我们一起走入了大人的世界，一去不回。

是时候学会沉默，是时候不动声色专注内心，是时候在成长岁月里、埋头做事，大步前行了。

女人的体面，大体就这 6 点

有句话叫：情面、场面、体面，是我们这一生最难吃的三碗面。

其中，情面说的是两人之间打交道；场面说的是，身居人群之中如何应付。

只有体面，说的是个人的生命状态。

杨绛先生百岁之后曾感慨：

我们曾如此渴望命运的波澜，到最后才发现，人生最曼妙的风景，竟是内心的淡定和从容；我们曾如此期盼外界的认可，到最后才知道，世界是自己的，与他人毫无关系。

我想，人生从某个阶段开始，便不自觉地处于了“体面”的心愿之内——你我都需要活得体面。

对于女人尤其如此。

体面是一个女人呈给这个世界最美好、最自得的模样。

那么，怎样才算是女人的体面呢？我们都需要以下这6条人生智慧。

01
外表清洁

《萍踪寄语》里有句话是这样讲的：“（她）生得很体面，身材颀长，态度端庄而灵动。”

而更早的《青杏子·姻缘》里有云：“体面妖娆，精神抖擞。”

体面的女人，首先在外表上，一定是清洁的、恰当的、舒适的，能够予人愉悦的感官体验，自己也能感受到轻松自在。

不必穿金戴银，全身各类大牌奢侈品装饰，也不用五彩斑斓花枝招展耀眼夺目。

重要的是**干净、整齐、精神，甚至是精致。**

衣服没有难堪的褶皱，口红不会沾到牙齿上，头发也不会蓬乱地披散着。她可能没有修饰，却能给你精心打扮过的仪式感。

一举手，一投足，也都是端庄自然，使人如沐春风、满目清新。

越活越能理解“以貌取人”的积极之处。

因为没有人有义务透过你邋遢的外表，去发现你丰富的灵魂，你必须让自己看上去赏心悦目，才能有机会让这个世界见识你。

当然，**一副漂漂亮亮的皮囊，同样是我们取悦自己最好的方式。**

有趣的灵魂万里挑一，但当美的灵魂和美的外表，和谐地融为一体，人们就会看到，这是世上最完善的美。

02

内心富有

内心富有始终是个笼统的概念，至今也没人能给它一个完美的解释，它的内涵之辽阔，外延之宽广，令人向而往之。

女人的体面，自然也离不开富有的内心。

富有者，大无外也。

这样的女人，她不会把精力浪费在计较他人、与他人比较上。

相反，她的精神敌人只有一位，那就是自己。

自己需要什么，那就去收获什么；自己期待什么，那就去满足什么；自己向往什么，那就去追逐什么。

这样的女人，永远有路可走，有梦可寻。

她的明天，永远是排满了计划的，自然，她的今天就不会碌碌无为。

有人曾说，体面是来自时间的馈赠，越珍惜它的人，越活得自在。

缺少富有的内心，再精致的外表也不过落一个“花瓶”的名声；而有一颗饱满晶莹的灵魂，哪怕你身居陋室衣衫褴褛，也掩饰不住自己的光芒万丈。

03

充满情趣

朱光潜说过，美就是心借物的形象来表现情趣。

生活总会用平淡沉沦我们的热情，唯有高尚持久的情趣，能让我们与强悍的现实打个平手。

而一个活得体面的女人，她的生活必定是充满情趣的。

情趣是难得的爱好，例如欣赏戏剧、摄影、阅读古典文学，能够使人保持在一种贯彻历史与未来的文明之中。

这些情趣会支撑我们的一生，这样，即使在最严酷的寒冬，也不会忘记玫瑰的芳香。

同时，情趣是平凡生活中的一些闪光点，例如，厨桌上的插花，周末的红酒和电影，一个拍立得等。

世间所有的美丽皆因人有情趣。

这般充满情趣的女人，不仅自己会生活得津津有味饶有兴致，待成家了，也会改变整个家庭的气质。

在这个世人匆忙逐利又被利所逐的时代，她待人接物却独有一种闲适之情。

如此，又怎么会不体面？

04

品味独特

品味独特其实是一件很难界定的事情。

但另一方面，其实我们每个人心里都有着那么一杆秤，评判着乏味或者有趣，低劣或者高级，平庸或者独特。

而一个体面的女人，她的品味必定是独特的。

嘻嘻哈哈、人云亦云的热闹，必定是无法满足她的，她的心之所向更集中、更私人，甚至更小众。

音乐、诗歌、文学、冒险、挑战，都是她们最好的归宿。

这无不荡漾着独特属性的辽阔天地里，她们始终怡然自得，不慌不忙。

大冰的《好吗好的》里曾写道：

五毒俱全的姑娘最动人——独立的价值观，独立的思辨能力，独特的生活方式，独特的人格魅力，还有爱读书。

熙熙攘攘的世界，总有人为了一些身安逸乐的安全感，而选择了趋同。

但就像叔本华说的，唯有对自己卓越的才能和专属的价值有坚定、不可动摇之确信的人才被称为骄傲。

所以，拥有一颗平常而又独特的灵魂，才会是如此难得的一件事。

这些独特的品位所铸成的独特的个性，将会使她们的人生实现体面，并且永远不失去尊严。

05

无视寂寞

当年李敖接受《人物周刊》的采访，对方问他："你是怎么耐得住寂寞的？"

李敖回答：“不是，你如果耐寂寞你就输了，根本就没有寂寞。注意啊，这是最根本问题，你去耐寂寞就是和它纠缠，你就输了。”

是啊，对待寂寞，不仅要无惧，更要无视。

按照周国平的说法，人在寂寞中有三种状态：

一是惶惶不安，茫无头绪，百事无心。

二是渐渐习惯于寂寞，安下心来，建立起生活的条理，用读书、写作或别的事务来驱逐寂寞。

三是寂寞本身成为一片诗意的土壤，一种创造的契机，诱发出关于存在、生命、自我的深邃思考和体验。

显然，体面的女人正从状态二进化至状态三，把寂寞当作展现魅力的舞池，悠悠然跳上一支动人的华尔兹。

一个真正内心绚烂的女人，即使无人问津，也能始终保持取悦自己的勇气和能力。

当她眼里没有寂寞的时候，寂寞是拿她没有办法的。

而她也会用自己的行事风格感染别人，让其他人意识到，原来，寂寞也可以是一种美好的存在。

06

甘于平凡

甘于平凡，不是投降，不是妥协，而是与现实和解。

而与现实和解，首先是放过自己。

一个体面的女人，在这个时代，必定是拿得起放得下的，她可以戴得住令人垂涎的王冠，也可以安心做一个平凡而普通的自己。

事实上，最平凡的是不甘平凡，甘于平凡便是不平凡。

人世间的一切不平凡，最终都会归于平凡，都要用平凡来衡量其价值。伟大、精彩、成功都算不得什么，只有把平凡生活真正过好，人生才是圆满的。

我见过把人生当作战场的女人，她们步履匆匆，总觉得稍微放松，便会被人群抛弃，被梦想遗忘。时间久了，她们都忘了为什么而出发。

我也见过，有人把平凡生活打理得精彩万分，戾气和挣扎，她都没有。相反，她活得从容不迫，荣辱不惊。

前者让我佩服，但后者让我羡慕。

不平凡少见而平凡常有，大多数人都将归于平凡。

你的体面，恰恰不是不平凡，而是在平凡中始终充满英雄梦想，在看穿了生活的真相之后，始终不遗余力地去热爱生活热爱自己。

言而总之，女人的体面，便是专心致志地做自己。

就像有句话所讲，体面，仅仅从一个人真正关注自己开始。

不困囿于外界，不迷乱于内心，坚持自己的向往和心愿，做自己想做的事，走自己想走的路，让一切都为成为更好的自己而服务。

也许，不是一切都能遂自己的愿望。

但如果一开始就不听从本心，那么便注定了从今往后，我们只能寄这个世界篱下。

人生本就是一场漫长的修行，而收获体面，便意味着一丛茁壮的内心。

愿你永远记住，听从自己的内心，主宰自己的生活，然后成为更好的自己——比什么都重要。

人最大的教养，就是和颜悦色

前些日子，格姐写了篇文章，控诉那些对待别人文质彬彬、对家人却百般刻薄的男人。

文章发出来后，在后台引发剧烈的反响。

有不少粉丝留言说，“说得太真实了”“各种委屈”……

也有粉丝感慨：“我发现身边对妻子越好的人，事业越顺。”

其实，就像刚刚这位粉丝所讲，不止在婚姻关系中是这样——我们常常把最坏的一面给了最亲近的人，却把善意留给了别人。

因为我们笃定了，那些亲近的人，是不会离开我们的。

不过，在格姐看来，不管多么亲近的关系，恶语都会像往巨橡里丢进了一只又一只蚂蚁，也许看上去微不足道，但时间久了，这段关系便轰然破裂了。

喜不放狂言，怒不出恶语，哀不说丧话，乐不许重誓。

待人和颜悦色充满善意，本身就是最大的教养。

01

之前某明星家暴女友的消息，在网上引发了轩然大波。

也让大家重新关注到了“**家暴**”这一残酷的现象。

说起爱人，虽然彼此之间没有血缘关系，却是这一生中陪伴你最久的人。

所以，在我看来，**一个男人的人品，正是藏在他对待爱人的态度里。**

令我们无奈的是，网上时不时就会爆出“某公众人物家暴妻子”的新闻，包括疯狂英语的李阳，以及此前大火的黄景瑜等。

小时候看电视剧《不要和陌生人说话》，对冯远征饰演的“安嘉和”印象深刻。

平时西装革履，是众人眼里一等一的好男人，到了妻子面前，却成了凶神恶煞，也成了无数人的“童年噩梦”。

然而，长大后才发现，我们身边不乏这样的“安嘉和”，把家庭完全当成了负面情绪的垃圾桶。

胡适曾在《我的母亲》一文中说：

我渐渐明白，世间最可恶的事莫如一张生气的脸；世间最下流的事莫如把一张生气的脸摆给旁人看，这比打骂还难受。

一个女人，在她当初娇艳欲滴的最美的时候，选择把余生交给你。她看中的，是与你一同制造幸福的机会，是你能尽心尽力爱她一生一世、视她如生命的许诺。

“有个爱你的人不容易，你又怎能如此伤她的心？”

真正的教养，是把你所有的温柔都留给妻子，把所有的守候都留给妻子。

那是你曾经小心翼翼凑上去亲吻的脸庞，千万别让它划过伤心的眼泪。

02

对待妻子要温柔，对待其他家庭成员也是如此。

曾有读者跟我抱怨：“教妈妈用微信，一个暑假都没学会，烦死了。”

我只回复了她一句：“你知道自己走路吃饭说话，都是当初母亲一点点教给你的吗？”

是父母养育我们长大，我们又怎么可以抱怨他们呢。

前两天看到一条特别温暖的消息：58 岁的老张，推着 83 岁的母亲逛公园。

虽然年近花甲，但老张却精神矍铄，他满脸笑意地对记者说：“小时候母亲陪我们逛公园，现在该我们陪她了。”

再看坐在轮椅上的母亲，在花丛之间，她的脸上浮现出了年轻的笑容。

她确实上了年纪，腿脚不便，但我相信，只要有儿子在，她就能领略到世间最美丽的风景。

古人有云：“人之行，莫大于孝。”

父母陪我们长大，我们陪父母老去，父母子女一场，便是一生之结。

对于父母最好的孝顺，便是子女一颗恭敬的心，和一张温和的脸。

不抱怨，不顶嘴，不发怒，永远谦卑，永远平和。

对父母要孝顺，对孩子也要耐心。

之前，网上一则《家庭教师痛打学生》的视频在网上传开，后经证实，是一位母亲在给孩子辅导作业时，心生烦躁，然后就动手了。

巧的是，当天还有一条消息“刷屏”网络：一位父亲买了

1000 多块的烟花，庆贺常常考 0 分的儿子这次考了 7 分。

我无法用对或者错来定性两位家长的行为。

但我想说，今天你的一言一行，将深深影响孩子的余生，注入此后他的一言一行之中。

对孩子和颜悦色，便是教会他用善良去拥抱这个世界。

这个世界也许不完美，但总要用一颗美好的心灵，去面对、去迎接、去看待。美好换来的便是美好，而暴力只会导致更多的暴力。

要真心爱孩子，用耐心去陪伴，用爱心去守候。

一个幸福和谐的家庭，才会让身处其中的我们每个个体，更有机会去实现个人价值。

03

一个人最真实的善良，体现在他对待陌生人的态度上。

这一生，我们要遇到不计其数的陌生人，很多人都是匆匆一面，便从此再不相见。

那么在这短暂的接触中，能够保持尊重和礼貌，则是教养之根本。

之前看过一个视频：

一位从新疆出发的返乡农民工，在火车上站了36个小时，到了成都后要接着换乘，实在疲惫的他，倚着火车站大厅的安检亭睡着了。

傍晚，要换班的乘警小李推门时才发现熟睡的他。

但小李并没有因为农民工挡住了门而发怒或是吵醒他，而是去买了一份快餐，蹲在旁边一直等到他醒来。

经过了解才知道，因为不会操作手机，所以他只能买到站票，接着他还得再站23个小时。

而为了省钱，这一路他都没有吃东西，肚子早已经空无一物。

听了这话，小李赶忙又去买了面包方便面等，让他在路上吃。

接过食物，这个看上去已经50多岁的中年男人，瞬间泪流满面。回家路很远很长，但人情的温度却永远不会散去。

小李的善良是礼，男人的眼泪一样是礼。

也许脸是脏的，但那眼泪却无比清澈，分明闪烁着感恩的光芒。

小时候就被教育：你的智商和情商，往往适用于那些与你有关的人。

至于陌生人，**正因为他们与你无关，所以才能体现出一个人的素质和教养。**

对他们和颜悦色，便是给世界的一个信号，所释放出的，正是你内心的安宁、温暖、热情和善良。

每个人之于这个世界也许都是一座孤岛。我们总要独立前行，独自走向这个世界，因此，我们要学会理解和尊重，并相互取暖。

而这个过程中，对他人的尊重，换来的就是他们对我们的尊重；我们的善意，换来的就是他们的善意。

用真诚去对待这个世界，去热爱生活，那么生活自然不会辜负你的纯良。

用老话说就是，“好人方有好报”。

赫拉克利特曾说：“教养是有教养者的第二个太阳。”

中国还有句老话：“良言一句三冬暖，恶语伤人六月寒。”

也就是说，教养是有温度的。一个人的教养，可以温暖他人，自然也可以温暖自己。

只要人人都愿意推己及人、心存善意，那我想，每天的生活都将是暖洋洋的。

余生不长，愿我们所遇皆纯良，如若不然，便怀揣一颗太阳，光芒万丈地活下去。

“越干净的女人，越高贵”

有人说：“万里无云的明媚晴空，最是让人心旷神怡。干净澄明的一切，总是让人心生向往。而爱干净的女人，总是由内而外地精致。如同女人花，自带沁人心脾的芬芳。”

干净对女人来说，是修养高贵的最佳体现。

01

仪表干净的女人，最吸睛

上大学的时候，同学小柒不论在成绩还是在工作能力上都是佼佼者。那时大家都认定她的未来一定会比其他人出彩。

但让人意外的是，毕业后两三个月，大家都找到了工作安定了下来，小柒却仍是待业状态。

之后在她来到上海，顺便找我聚聚的时候，我才知道她找工作期间的波折。

刚毕业的时候，她鼓足劲去面试那家心仪许久的公司。当然不论是旁人还是她自己，都觉得她是完全有能力、有资质被看中的。

可偏偏，她在第一轮就被筛选掉了。

在她的追问之下，HR 婉转地告诉她，公司希望找的，是既有能力又成熟稳重，和他人打交道游刃有余的人。

显然，穿着高中生般的衣服，挎着帆布包的小柒，再有能力，也注定因外在而被忽视。

很多人都说，无须太过在意外在。因为能力足够强的人，可以用实力打动他人。善良的人，可以用内在打动对方。

然而现实往往是，**当你外表邋遢时，并没人愿意更加深入地了解你。**试想一下，一个穿着随意的人和一个打扮干净的人在你面前，你更愿和哪个人交谈、共事?

只有懂得把自己打扮好的女人，才能展现出动人的魅力，才会获得他人目光的停驻，才有机会在社会上赢得更多青睐。

02

圈子干净的女人，最优秀

前阵子公司聚餐，Nicky 还是直截了当地拒绝了。

可这一次，大家不再把诧异的目光投向她，也没人在私下暗讽她“装清高”，反而有点羡慕她。即使身处“水深火热”之中，也能做到遗世而独立。

昨天我和她一同吃午饭时聊到这个话题时，我说：“这是难得的能够和同事们增进感情的机会，你不担心一次脱离团体，就因此‘脱轨’一大截吗？”

Nicky 淡然一笑说：“我做好自己的本职工作，又谈何和公司脱轨呢。因为聚会耽误和私下好友的聚会，我才会和好友们脱轨呢。”

在她眼里，同事是同事，工作时间交流就好。私下的时间，就打理自己私下的圈子。**每一个人在她心里都有一个刻度，她知道该如何用相应的度去对待。**

而有些人费尽心思在各个圈子里周旋，最后反而吃力不讨好，既没和同事深交，和好友也日渐疏离。

“一个真正强大的人，不会把太多心思花在取悦和亲附别人上面。只有自己修炼好了，才会有别人来亲附。自己是梧桐，凤凰才会来栖息；自己是大海，百川才来汇聚。”

在各个圈子里都是social queen（社交女王）的女生固然优秀，但圈子干净的女生，终究更有魅力。因为前者往往是你去“讨好”别人，而后者是别人来“讨好”你。

人越往下活，圈子越复杂。能够不迷失，守住自我的女孩，才最珍贵。

03

感情质朴的女人，最可贵

越来越少人能在感情上做到通透质朴了，不是太过迟疑难更进一步，就是犹豫不决、该断不断。

最终，让这份感情不断折磨自己，伤了自己，又害了他人。

粉丝夏夏昨天带着哭腔发来语音跟我说，她错过了暗恋许久的男神。

我很惊讶，因为她曾经给我看和男神的截图，字里行间都甜蜜得让旁人发颤。

我说：“他喜欢你，你要是感到不安，就勇敢表白，一定会得到好答案的。”

后来很长一段时间，夏夏都没有再找我。我一直以为是他们在一起了，所以腾不出时间。

可现在才知道，夏夏原来一直没有勇气说出口，生怕冲动会弄巧成拙，既成不了男女朋友，甚至连朋友都做不成。

男生跟她表白的时候，夏夏又担心自己不值得这份幸福，便一再犹疑。

经过半年多时间的犹豫，当她鼓起勇气去接受时，对方身边却早已有了别人。

世界向来是公平的，你不懂得珍惜，所钟爱的事物便会被别人视为珍宝。倘若不及时搞清楚内心所想，那伴随你的，只会是后悔错过的难过。

所以啊，那些通透明白、爱得热烈、断得决然的女孩，才是这世上最难能可贵的宝物，才配拥有最美好的幸福。

04

内心干净的女人，最聪明

“做好自己的事就好，无愧于自己就行。”相识多年以来，这是朋友阿尧说过的最多的话。

几年前，她带着海归精英身份被一家外贸公司挖去当高层主管。当然，在领导眼里她是才配其位的，可在不知情的同事眼里，她只是有背景、后台的空降兵罢了。

很长一段时间，她都活在冷言冷语，被八卦、被嘲讽的环境里。

听她诉说，作为旁人的我都时常感到心疼。可她总是淡然地说："没事，我做好自己的事就行，都会好起来的。"

现在，她已经是管理一支大团队的，在公司里最有威望的 Leader 之一了。

以前觉得面对指责不吭声的她是软弱的，现在却觉得保持沉默、始终波澜不惊的她最聪明。

人身上最可贵的，是心净二字。不为名所累，不为利所役，清清白白做人，干干净净做事，活得通透纯粹。

聪明的女人，不是能够熟练运用应对这世道的法则。而是什么都知道，却依旧守住自己内心的澄澈，不被外在的世界所动摇、更改。

守住内心的干净，不是丢掉一切，而是时间久了，它自会帮你得到一切。

很喜欢这一段话：

人，要有一颗干净的心。

无论相貌，无论着装，心的通透是最美的；不分贫富，不分高低，心的善良是最贵的。

身处俗世，却不被俗世所染；笑在脸上，也在心上。对人几分真，便会换取几分心；用情几多诚，就会收获几多永恒。眼睛纯净，才能看见美丽的风景；心灵干净，才能拥有纯粹的感情。

一个人的心，就是一个人的世界，是一个人的一切。

如果可以，来这世上一趟，请务必活得清清楚楚，明明白白，去成为干净高贵的女孩。

要相信，当你“干净”了，一切美好事物，都会向你飞奔而来。

你说话的音量，暴露了你的修养

昨天在一家音乐餐吧吃饭，也许是天气寒冷，外出的人很少，平常热闹的餐厅安静得略显无聊。

直到一个穿着长裙的女孩出现，大家的目光纷纷被吸引过去。她眼睛明亮，浅浅一笑，知性而温柔。本来稍显压抑的餐厅，因为她而热闹许多。

小 A 在旁边笑道："漂亮女孩什么都没说没做，只是悄无声息走过，瞬间就能'hold'住全场，这就是美貌的威力。"

可让我们诧异的是，赞美还没说完，女孩突然嚷嚷起来。

因为服务员没有及时接待入座，她举起手指，恶狠狠地指责服务态度差，一点都没有当服务员该有的样子。

服务员低头沉默，默默地赶紧给她摆餐具和倒上水。可女孩并没有就此放过她，反而更加大声地呵斥说："客人在说话，你居然爱理不理，合适吗？"

本是一桩小事，她小题大做地呼叫经理。好在经理人是个明白人，旁人也帮腔说了几句，服务员并没有因为女孩看似严重的"批评"而受到处罚。

反倒是女孩觉得理亏，灰溜溜地走了。

这是餐厅里的人第二次把目光全都投向她。可这次不再是欣赏，而是紧皱着眉，十分嫌弃。

小 A 无语地甩下一句："果然，人不可貌相。"

你看，你的音量，决定你的修养。而你的修养，决定了他人的目光。

当修养不在线，再美的外壳，都会瞬间掉价。

02

经常会和粉丝们聊到人际交往上的问题，我听到最多的大家所说的不和的原因，是觉得对方不懂得控制自己的音量，很没有"教养"。

比如在大学宿舍里，某个人在早起的时候，用力地拖开椅子，大声关门全然不顾寝室里还有正在熟睡的其他人。只要他醒了，全世界都得陪着他醒。

在公司里，总有几个人懒得去会议室，在开放的工作环境里热烈讨论。方便了自己，苦了其他人。别人戴上耳机，把音乐调到最大声，隔了噪声，却伤了神，根本无法专心投入工作。

在社会公共场所里，有人喜欢外放音乐或是视频，有人喜欢扯开嗓子毫无顾忌地聊天。自己一人图个舒服自在，却让身边一群人难受。

声音本无罪，可扰乱他人的音量，让人格外不悦。

尤其在现在这个越发“自我”的社会里，每个人都希望拥有自己的小小世界。当你的声音破坏那份宁静，等同于不经同意入侵别人的世界，给别人带来一种无形却直接有力的伤害。

所以归根结底，**小声说话，是基本的礼貌与修养，更是对他人的尊重。**

03

和部门同事聊及这个话题，她说，有些人大声说话也许不是没有素质，而是因为他们认为大声更有理，更能让自己有底气。

所以他们在试图说明一件事，或是表达自己的态度时，才会选择大声说话。

可现实往往是：只有前呼后拥盛装出场才敢高声说话的人，心底无疑存着怯懦。

换个角度想，当一个人用越来越响亮的声音和你对话，你会怎么想？会因此觉得他句句在理吗？显然不会，反而觉得对方像个“小丑”般，在做无用的“嘶吼”。

很少人明白，大声说话，会让一切适得其反。相反，**懂得控制音量的人，更容易让人接受。**

这让我想到了雨薇，她是我初入职场时的上司。即使已多年没见，我也一直把她当作学习的榜样。

印象最深刻的，是有一次公司接到大投放的临时项目，部门里的人几乎都慌了神。

召开紧急会议时，大家都激烈地各抒己见。越说越大声，越大声越乱，明明是一起商量解决办法，却越讨论越找不到方向。

直到雨薇开始说话。她语速缓慢，声音轻柔，缓缓道出现在的状况，再从重到轻列出问题，最后提出建议和可行的解决方案。

平常急躁总爱抢话的同事，也安静下来听她说话。

大家的状态都因为她而平静下来。在一片和谐的轻声讨论中，很快商讨出最佳解决方案。

那是我第一次明白，温柔才是最强而有力的力量。越紧急的情况，越要小声才能得到别人的倾听。

比起那些企图用大嗓门压制世界的人，让全世界都安静下来听他小声说话的人，更可敬。

厉害的人，不是带动着其他人一起喧闹，而是全世界都因为他而变得安静。

04

当然，情绪激动的时候，人们难免会忍不住大声说话。可实际上，**当情况紧急的时候，你越能控制音量，就越能控制事态的发展。**

小声而缓慢地表达，既能让自己安静下来，有个思考的时间，把杂乱的思绪理清，也能让表达更有说服力。

你喊的时候人们只是听见，小声说话时人们才会倾听。倘若想要自己的诉说被听到，就学会缓而有力地表达吧。

《了不起的盖茨比》里说："我曾听人说，黛西说话很小声，是为了让人靠近她。"

聪明的人都知道，没有人会拒绝温柔，但人人都对张扬避而远之。

即使大声说话的人本无坏心，可听者总有意，会觉得你的大声是质疑，是否定，甚至是讨厌。

你希望自己怎么被对待，就怎么去对待别人，所有对待都是相互的。

因此，你想被理解，就先去理解别人。你期盼温柔，就先学会对别人温柔以待。你希望对方能够和你好好说话，就先懂得要和别人好好说话。

05

在知乎问题“为什么有些人平时说话会很大声呢”底下，有这样一个直接的回答：“智力和说话音量成反比。”

名校和三流学校的校道，前者安静，后者喧闹；高级餐厅和大排档的顾客，前者是小声交谈，后者是大声吆喝。

你的说话音量，在某种程度上会体现你在社会中的“等级”。

但最让人敬佩的，不是一个人在本身安静的环境中懂得看眼色保持安静，而是不论外界多么嘈杂喧嚣，都不弄丢自己的那份宁静。

每个人都想要成为美好而优秀的人，所以也希望自己身边是一群温柔的人。**只有当你成为那样的人，才会被同样的人包围。**

最后，愿你成为一个小声说话的人，和这世上更多的美好与温柔相遇。

你有教养的样子，真美！

年前，有一个朋友圈截图被人们“刷屏”，内容是一段文字配着一张车站排队取票的照片，读来让人唏嘘。

拍照的女孩说：“春运回家的人多，眼看着就要到自己了，后面突然跑上来一个妇人要插队，说自己的车要赶不上了。”

她本不想理睬，不承想站在前面的男孩让出了位置，自己走到了队尾重新排了起来。

那一瞬间她拍下了男孩的背影，内心触动，发了这条动态：

“今天见到了背影最帅的男人，车站里有人插队，他非但让出了位置，没有训斥，还默默地从队尾开始排。”

有教养的人，背影都会发光。

01

教养，很多人以为自己有

有一次和朋友吃饭，隔壁桌的母女让人印象深刻。

我们入座的时候，她们就吃得差不多了。小女孩吃饱后满餐厅地跑，开心了还顺带着尖叫几声。

服务员上来规劝，母亲拉来女孩，对着她耳边训斥，说她这种很没家教的样子，别人看到不会指责小孩，会指责孩子的母亲。

这个插曲也没什么，孩子闹妈妈管教而已，关键是后来的一件事。

餐厅正值饭点，新客人多，座位安排不过来，服务员就来商量挪下桌椅。

因为女人和孩子是 2 个人，坐的是 4 人桌，看着母女是早就吃好的样子，就想让她们挪用 2 人桌。

女人一听到服务员的解释就吵起来，觉得借桌子是幌子，实际是想赶人。

她吵着闹着，拿起杯子就掷在地上，要找大堂经理说理。

劝女儿安静做个有家教的人是她，转脸就撒泼的人还是她，荒唐又好笑。

想起之前无意间看到的另一对母子，她们两人站着等鸡排，孩子大约三四岁的样子，奶声奶气的问炸鸡排的老奶奶：“奶奶，我的鸡排好了没有？”

孩子可爱，奶奶也很喜欢，说：“宝宝别急啊，再等两分钟就熟了。”

年轻的妈妈在一旁笑：“没事，您慢慢来，不急。”

过了十几秒小家伙又催了一次，这次妈妈就蹲下来，平视着孩子说：“奶奶已经在给你做鸡排了，你不能一直催人家，奶奶辛辛苦苦为你做，你要慢慢等。”

接过鸡排后年轻的妈妈又说：“你给奶奶说个对不起，说我不应该老是催你，再给奶奶说声谢谢。”

孩子乖巧地一一照做，画面好不温暖。

言传身教的妈妈很美好，但仔细想想教养这两个字，到底指代的是什么？

教养，没有人会承认自己没有，等真的发生了不愉快的争执，个人品德又都会显露无遗。

02

教养，无关年纪与贫富

契诃夫说过一句很有意思的话：“有教养不是吃饭不洒汤，是别人洒汤的时候不去看他。”

区别于礼貌和自律，教养更像是一种由内而外且不自知的选择，是一种让对方和自己都会舒服自在的举动。

网友描述自己和老总的小插曲：

一直以为富人都戴有色眼镜，阶层意识根深蒂固。

有一次刚好商务有事，自己陪着出差，想着商场饭局，难免杯盏觥筹，结果刚入饭桌，老板就发话吃饭不劝酒，各自随意。

席间，大家在欢愉轻松的气氛下，就把正事给敲定了。

那次他才意识到生意场上无酒也可成欢。

用完餐，老总将吃剩下的菜吩咐身边的人打了包，载着他出了酒店。

一路上，车子开得很慢，老总四下里打量着什么。

他正纳闷的时候，老总停下车子，起身拿了打包的食物，走到一位流浪汉跟前，将那包食物递给了流浪汉。

一切举动，没有一丝刻意，行云流水般的自然，想必是老总一贯的行为。

他想到了，就做了，没有考虑贫富差距、地位悬殊，只是因为自己有，只是希望那些人吃口热食，恰恰是这样不自知的举动，散发出的巨大的人格魅力，令人钦佩。

巴德勒博士曾说：“只为自己着想的人是无药可救的，也是不会受到教育的，他们是没有教养的人，无论他受过什么样的教育。”

见过地铁上为了不耽误上班高峰期的年轻人，背着大包小包的农民工久久地站在车门外，人少了才上车。

见过提着小提琴的高雅人士，在银行的大厅里吃着鸡爪，骨头掉落一地。

慢慢地你会发现，**教养无关年纪，无关贫富，无关学历，是种来自内心的优雅。**

03

你有修养的样子，真美

良好的教养隐藏我们对自己较佳的评价，隐藏我们对他人较差的评价，独身处在陌生的环境中时，尤为明显。

水果摊主在路边整理着水果，浑然没有发现驶近的洒水车。

但是洒水车通过他身边时，司机关上了阀门，开过后才打开。

萍水几秒相遇的缘分，小小举动，却温暖了一个陌生人一整天的心。

想起好友曾跟我描述，坐电梯时，每每看到有人伸手替陌生人挡电梯的时候，内心都会有所触动。

为人着想的细腻，是内心深处的教养，更是人世间最打动人的东西。

生活里也许烦闷，也许有磕碰，但是你有教养的样子，我们都会看得见。

只愿我们在冗长岁月里，守住内心的善良，拥有属于自己的“小确幸”，温暖得了自己，也感染得了别人。

因为你永远都不会知道：**一个人有教养的样子，有多好看！**

PART 2

若想精彩，那便可爱

人生只有拼出来的精彩，没有等出来的辉煌。

女人最高级的活法：做女王，不做灰姑娘

丸子的公司业务量突然加大了，导致丸子这两个月来天天加班到 11 点。在昨天又一次加班之后，丸子忍不住和我抱怨说："真想找个男人把自己给嫁了，老子再也不要上班了。"

她委屈巴巴地和我说："我的王子怎么还不来拯救我，再不来的话，我就要被工作打趴了。"

我一听这口气，就知道丸子又在抱怨了。我对她说："可能王子已经出现了，但看到你这个样子，耸耸肩又走了。"

01

想做王妃，先做女王

在英国，城堡里的王子只有两个，然而想做灰姑娘的人却

是千千万！按道理来说，只要王子喜欢，什么样的女人都可以得到。

然而成功拿下王子的女人，既不是公主也不是名媛，而是一位不知名的美国女演员：梅根·马克尔。

梅根身上的标签有很多：出身贫民窟，非裔血统，离过婚（人生经历，不是污点），18 线演员……

然而就是她，俘虏了万千少女的梦中人——哈里王子。

在英国，人们的阶级意识相当强，当年伯爵家庭出身的戴安娜王妃尚且被说成是灰姑娘，更不用说家族没有任何爵位的梅根王妃了。

然而梅根王妃厉害在于，在成为王妃之前，先把自己修炼成女王。

梅根·马克尔出生于美国洛杉矶一个极其普通的家庭。6 岁时，梅根父母离婚了，和母亲一起搬进了洛杉矶最乱的贫困街区度日，这个地方平均每周都有 47 桩案子，包括谋杀案。

就在这样环境下成长的她，却考上了全球排名第 12 位的美国西北大学，这一切，自然是她的努力使然。

她热衷于公益事业，定期会去非洲从事慈善工作，为难民问题、当代世界的奴隶制、清洁水运动奔走在世界各地。

她还曾作为全球大使代表之一，发表联合国女权演讲，反对性别歧视，倡导妇女权利。

这一路来，梅根王妃不仅把自己从贫民窟的深渊中救赎了出来，还在自己爬上岸后，通过慈善拉了一把依然生活在贫民窟的人们。

这样的梅根，早已经不是灰姑娘了，她已经拥有了改变别人命运的能力，成了别人心中的无冕女王。

生活其实是很现实，当你足够强大时，任何糟糕的境遇与困难都打不倒你。

相反，如果你只是自怨自艾，以弱者的身份祈求生存时，命运只会让你深陷水深火热之中，没有任何人可以救得了你。

02

要成为公主，并不一定嫁给王子

童话故事里，灰姑娘在面对人生的挫折（后母的刁难）时，无法自己主宰自己的命运，只能在命运的锯齿里挣扎着沦陷（打扫房间，住阁楼）。

灰姑娘全程都没有反抗自己的人生，因为她没有独立生存的能力，只能依附于后妈与姐姐们讨生活。

可不知怎么，这样的灰姑娘却是很多女孩子心中的幻想，这当然不是因为灰姑娘的漂亮、善良，而是我们希望能和灰姑娘一样：

- 什么都不用做，就有神仙教母帮你变出华服和水晶鞋。
- 什么都不用说，就有王子死心塌地地来爱你。
- 什么努力都不用做，就有王子一路为你披荆斩棘，救你走出生活的牢笼。

什么都不必操心，什么都不必努力，想要的一切自有别人帮你准备好。

呵，天底下哪有这样的好事！

如果灰姑娘没有遇见仙女，她没有漂亮的公主裙，没有南瓜做的华丽的马车，小老鼠没变成帅气的车夫，她就那样衣衫不整地走到王子面前，王子还会爱上她吗？

那样的灰姑娘，不就是我们吗？

我们都是普通人，没有豪华的家世，没有倾城的容貌，没有“开外挂”的神仙教母。我们注定一辈子都不会被王子爱上，只能把自己修炼成女王。

然而在修炼成女王的道路上太累了，于是有些女人停留在了男人的臂弯，渴望这个男人为自己遮风挡雨。

她们认为，找一个男人改变自身的命运是最好的捷径，但事实上，这条看似最容易走的路，却是世界上最难走的路。

有些男人不仅不是王子，反而像灰姑娘的继母一样，把无尽的家务琐事都交给女人来处理，让你洗衣服，做家务，带孩子，伺候老人，料理家务……最后让女人，真的变成了灰姑娘。

03

努力是为了做自己

我学姐，读书时是微博的签约时尚博主，毕业之后迅速嫁给了当地的富二代。

原以为结婚就是幸福来敲门，可真的结婚了才知道婚姻之后，买菜是你，煮饭是你，洗碗还是你；扫地是你，家务是你，带孩子还是你。学姐想要请个保姆，男人不解说：“家里不是有你吗？”

生活就是这样，**你越是想要依靠别人，越是没人可以依靠**，你以为你停靠在了男人的港湾里，但其实是男人把你当成了港湾。

后来的学姐，不甘于在婚姻的平凡，带着两个娃重操旧业，学习服装搭配，学习摄影，减肥……一切的一切只为重新开始经营自己的时尚博主事业。

后来又觉得时尚博主不挣钱，便开始拓展博主变现，谈渠道、找资源，经常忙到一两点。

付出总有回报，学姐后来的公司的资产，虽不敌老公的家产，但却让老公刮目相看，甚至于老公自己的生意，都常常让老婆帮忙拿主意。要知道在以前，学姐老公的口头禅是“说了你也不懂”。

苏芩说：“女人越独立，活得越高级。”

这个世界很残酷，残酷到每一个平凡的女孩子，**必须要依靠自己的能力，在男人的世界里博得一席之地。**

只要你肯遵循世界的法则，依靠自己的双手踏踏实实去努力，那么总有一天，你所吃的苦，统统都会变成你个人的财富，谁也夺不去，谁也拿不走。

04

做女王，不做灰姑娘

谢小七说：“把自己变成女王，然后去遇见国王，而不是女郎遇见臭流氓。”

你能嫁给什么样的人，取决于你是什么样的人。

古人常说的“门当户对”有一定的社会道理，只有势均力敌的爱情才是这个社会的普遍法则，我不高攀、不低就的关系才能健康长久。

出身寒微并不可怕，可怕的是女人在努力的过程中松懈了意志。当一个女人懂得用拼搏换取面包时，她才真正的离女王的宝座不远了。

三毛说："如果有来生，要做一棵树，站成永恒，没有悲欢的姿势。一半在土里安详，一半在风里飞扬，一半洒落阴凉，一半沐浴阳光，非常沉默非常骄傲，从不依靠，从不寻找。"

女人，就要不断地提高自己的内在价值，成为像树一样独立自主的存在，不娇惯，不扭捏，依靠自己的双手拼搏出自己想要的幸福。

人生只有拼出来的精彩，没有等出来的辉煌。

杨澜：自律的女人最好命

人们说：一个人要为自己 30 岁以后的长相负责。

30 岁之前的容貌大多都是天生的，长得漂亮没什么值得炫耀的。但如果一个越过 30 岁的女人依然那么漂亮，那就令人敬佩了。

中国女人的青春，似乎特别短，一到 30 岁，就如同秋雨中的花，轻易就凋谢。

“中年妇女”更是一度成为那些穿着松松垮垮的 T 恤、没有一件合体的连衣裙、更不懂得穿高跟鞋的女人的代名词。

尤其是那些穿着睡衣就上街买菜的人，既无情趣，又无品味。

01

自律，使人自由

2018 年，周慧敏演唱会的一组照片上热搜了。

51 岁的她，25 岁的身材，举手投足间，仍是当年“玉女掌门人”的风姿。

都说“岁月是把杀猪刀”，可岁月仿佛格外优待于她，没给她留下任何痕迹。留下的唯有岁月时间下的温文尔雅，风华正茂。

其实，哪里是岁月格外优待于她。**只是岁月这把杀猪刀，从来不往自律人的身上捅。**

51 岁，也许在很多人眼里已经是知天命的年纪。但自律的她依然坚持运动，每周坚持去健身房锻炼和跑步。

自律帮她获得好身材的同时，也让她获得了充沛的精力，才能让她在演唱会上穿着高跟鞋又唱又跳，要知道很多 50 多岁的人早已没有这种精力。

反观我们身边，有多少 20 多岁的女人，别说跑步，就连下楼买个菜都不愿意，皮肤已经松弛，人也变得越来越懒惰，从卧室走到洗手间，都算是运动了。

虽然生活没有高低之分，每个人都可以按照自己的心意过一生。但和自律的人比起来，不自律的人明显不能活出自律的人的精彩，登不上自律的人所能登上的舞台。

乔布斯曾说：“自由从何而来？从自信来，而自信则是从自律来！先学会克制自己，用严格的日程表控制生活，才能在这种自律中不断磨炼出自信。”

自信是对事情的控制能力，如果你连最基本的时间都做控制不了，还谈什么自信？

02

你的不自律正在毁了你

杨澜曾经分享过自己在英国的一些经历，她说她在面试失败之后，披头散发就去了咖啡厅，咖啡厅的人很多，她被安排在一个优雅的老太太面前。

老太太没有看她，而是写了一张便签给她：洗手间在你的后面。

杨澜突然想起自己面试被拒的理由是穿着随意，彼时还曾愤慨于对方以貌取人，可此刻才发现，原来正是邋遢，暴露了自己生活的不自律。

日本曾有一档节目，跟拍一位 200 斤宅女的一天。

宅女有一个男朋友，每天早上 8 点，男友独自去上班，宅女依然在睡梦中不愿醒来。

等快到 12 点时，宅女饿了，慢吞吞地爬起床，拿出自己最喜欢的面包，一口一口吃得不亦乐乎。

也许是吃饱了，下午的她不愿意继续睡觉了，而是坐在椅子上，开始玩游戏。玩累了之后继续钻进被窝午睡。

晚上 9 点的时候，宅女终于做点事了，她开始给快要下班的男朋友准备最爱吃的炸鸡块，足足有 3 人份。

结果男朋友回来之后，3 人份的炸鸡块又全部进了宅女的肚子里。

“她一直都是这样。差不多 10 分钟过后就会听到她打呼噜的声音。完全不懂她为什么那么累。”男友向节目组吐槽。

饮食毫无节制，沉迷游戏，拒绝运动，不断放任自己，没有生活目标，将每一天都过得浑浑噩噩。看上去活得随心所欲，但实际上连自我人生都掌控不了。

卡尔维诺在《巴黎隐士》一书中说：“我对任何唾手可得、快速、出自本能、即兴、含混的事物没有信心。”

我相信缓慢、平和、细水长流的力量，踏实，冷静。

我不相信缺乏自律精神、不自我建设、不努力，还能得到个人或集体的解放。

03

自律的女人，最好命

知乎上有个问题："自律的人有多可怕？"

排名第一的回答是：

我高中时，浑浑噩噩了三年，最终只勉强考得了一个三本，一度以为自己的人生不过如此了。

但有一天，我想，**既然人生已经这样，那试着去努力一下看看会怎样。**

于是大学那几年，我没有翘过一次课，只要醒了就去操场上读英语，只要有时间就去图书馆看书。

为了有更多时间去学习，我晚上几乎没有在锁门前回过宿舍，就坐在图书馆一直看书，看到夜里一两点，然后早上七点多起床刷牙、洗漱，去图书馆。

记忆最深刻的是那时天还没亮，学校被一夜的大雪装点得银装素裹，一脚踩上去，能听到雪在脚下发出"咯吱、咯吱"的响声。

既然学不死，那就往死学。

最后我考上了浙大研究生，是那一年浙大唯一一个从三本院校录取的学生。后来听导师说，那一年的研究生录取时，我打败了很多985院校的高材生。

那一年，我彻底地和曾经的自己说了拜拜，自律不仅让我考上了重点大学的研究生，还让我的人生充满光明。

自律的可怕，就是能让你做到以前连做梦都认为不可能的事情。

《少有人走的路》里有这样一句话："自律，是解决人生问题的首要工具，也是消除人生痛苦的重要手段。"

我开始明白，不自律会慢慢摧毁一个人的心智、外貌，甚至是人生。

唯有自律，才是解决人生痛苦的根本途径。

上天不会亏待每一个认真努力的人，也不会平白无故地把所有好运都给无所事事的人。唯有自律，才是通往人生幸福的关键；唯有自律，才是女人最大的好运。

如何越活越精致？这 30 位优秀女性告诉你答案

之前闲来无事翻看读者们的留言，发现很多人问："格姐，我应该做些什么充实、提升自己呢？"

虽然针对情况都一一给了答案，但总觉得理应给你们更全面的解答，于是我去采访了 30 位不论是在工作，抑或是在生活上都有所成就的女人。

希望在她们身上，你们能找到自己想要前往的方向，并为之努力。

“ 保持善良 ”

@周 yair

27 岁　企业高管

世界没你想得那么复杂，所以一定要保持真诚和善良。

刚步入社会的时候，我常被长辈教导说：“社会没你想得那么简单，你不能再像现在这样热情、善良待人了，否则只会人善被人欺。”

一开始我确实听进心里去了，刚入职场的时候，不论对谁都心存防备，以此保护自己。

一段时间过后，我发现自己虽然和谁都能平和地相处，但是身边完全没有一个可以亲近聊天的朋友，这种找不到归属感的感觉挺糟糕的。

观察下来，其实身边的人远没有别人口中说得那般恐怖，于是我渐渐尝试打开心扉。你对我好，我也真心实意地回应你。

和家人及朋友的担忧不同，我并没有因此受到世故的伤害，反而收获了许多朋友。

两年后，我被提拔为主管。上司说的那句话，我现在依旧记忆犹新：“和你一样工作能力强的人很多，但有人缘、讨人喜欢的只有你一个。”

始终如一的热忱和善良，最终使我得到意外的收获。

就像里根说的那样：“**如果你正直，这比什么都重要；如果你不善良，什么也都不重要了。**”

我想，如果问我为什么活得比别人出彩一些，答案无疑是保持了真诚和善良。

“ 自信 ”

@ Aeni

28 岁 区域总监

我以前是个脸皮薄到不行，和陌生人说话都面红耳赤的人。

但因为房地产工作这份职业不得不直面别人进行交流，我才渐渐变得开朗起来。

家人朋友说我终于不再摆着一张臭脸了；身边渐渐有了异性朋友；客户和我聊得很欢，工作步入正轨……

对我而言，自信昂扬真的是让生活反转的一大关键啊。

当你学会认可自己，喜欢自己，整个世界都会与你为友。

“坚持学习”

@一日

26岁 编辑

老板把我升职为主编的时候，我真的很惊讶。因为同团队还有比我资历深厚许多的员工。

后来在谈话中得知，老板之所以选择我，是因为我每天都在坚持学习。

他说，进入社会以后，很多人都只会着眼于当前的工作。但大家忽视了，只有不断学习，才能让你有所成长，不和这个世界脱轨，才能把你推向更远的地方。

除了工作上受益外，生活也会帮你翻开新的篇章。

有句话一直对我很受用：“多读书的你，就算最终跌入烦琐，洗尽铅华，面对同样的工作，你也能有不一样的心境；身处同样的家庭，你也能有不一样的情调；培育同样的后代，你也会有不一样的素养。”

去学习吧，用一颗永不止步的心。**看似不起眼的日积月累，会让你成为截然不同的出色的人。**

“ 骨子里的坚强 ”

@ July

30 岁 人事总监

现在大家都说我雷厉风行，但他们如果了解以前的我，一定会吓一跳吧。

三年前被抛弃，成为单亲妈妈后，我每天都躲在家里听孩子哭，自己也哭哭啼啼地过日子。

那段时间悲观到想过自杀，还好在家人和朋友的安慰和开解下想开了。

比较庆幸的是，熬过去以后，整个人的抗压能力都变强了。

后来我开始重新投入到工作中，一边带孩子，一边在事业上重新起步。因为出色的工作表现，不到一年就坐到现在这个位置，回到生孩子前的地位了。

我想很大原因是足够坚强吧。工作扎堆的时候，大家会有很多抱怨，但我依旧一声不吭地埋头工作。

毕竟经历过更苦的事情后，其他都算不上什么了。而**当你足够坚强后，很多事情自然而然就会迎刃而解。**你的人生，会因此而变得顺遂。

如果你正处于一个不怎么样的状态，就多想想远方的风景，那里有更好的一切等着你。熬过去，一切就都会好起来的。

“保持可爱”

@路与

25岁 室内设计师

听到可爱这个词，一定有很多人表示不解：“还谈论可爱，不会显得很幼稚吗？”但不管到了哪个年纪，保持可爱永远是可行之计。

不论对人或是对事，多用可爱的眼光去看待，不要把一切都严肃、分明化，你就会发现这个世界其实远没有想象得那般糟糕，而是动人而友好。

你看向世界的目光，决定着这个世界是怎样的。

正如托尔斯泰在《安娜·卡列尼娜》中说的那样：“人并不是因为美丽才可爱，而是因为可爱才美丽。”

做可爱的人吧，你会因此收获期待的美丽。

“ 独立自主 ”

@徐昕

33 岁 财务总监

单身的那 5 年，是我最黑暗的时光。

一个人在外北漂，既远离家人，也和谈了好几年的男朋友分手，生活完全失去了依靠。

一个人站在桌子上修灯泡没人扶摇摇欲坠的害怕。

一个人忘记带钥匙大半夜到处找开锁匠的慌张。

一个人在下雨天拿起包往雨里钻的心酸……

我曾经以为自己是没法独自生活的人，但那段岁月过后，即使把我一个人扔在荒岛上，我也有自信好好活着。

只要学会独立，真的就再也没什么过不去的坎。那些看似糟糕的过往，会被无限缩小；而当下来临的每一份打击，都能够迎刃而解。

记得大冰在《好吗好的》里说过：“五‘独’俱全的姑娘最动人：独立的价值观，独立的思辨能力，独特的生活方式，独特的人格魅力，还有爱读书。”

这个世界多的是独自生活的人，所以上天绝不会偏爱你。想要得到眷顾，永远只有靠自己。

和 30 个女人聊完后，格姐总结出她们身上几乎都拥有以上几个特征。

每一点都看似很容易，但真正践行起来其实都不简单。所以格姐想说的是，**成为精致女人最最重要的还是坚持。**

大多女生都知道哪条路是好的、是正确的，只是总是走一半就放弃。**但让自己美好起来这件事，只有坚持才会看到痕迹。**

最后，希望你们都能如愿成为理想中的自己，不负只此一趟的人生旅程。

见过世面女人的10个特征

01

从不停止个人奋斗

有人曾说，做女人想偷懒很容易。

前期20年有爸妈养着，待到结婚时，再挑个身世、样貌过得去的老公养着，一辈子不用奋斗也可以活得很好。

但见过世面的女人，是绝不会把自己的命运建立在他人的命运之上。

个人的奋斗可以让女人见识更宽阔的世界，了解更多彩的人生。

不会被年龄所限制，更不会因为年纪到了而随便将就婚姻。

正如脱不花所说："女人 30 岁后单身也可以很快乐，前提是有钱。"

02

相信爱情

我见过很多女人被渣男伤害一次之后就不再相信爱情了，对此我表示非常的遗憾。

见过世面的女人，心理足够的强大，能承受得起男人的背叛，也有能力卷土重来。

她们不会用男人的错误来惩罚自己，更不会因为遇到一个渣男就止步向前。

她们知道前面还有好男人，但好男人绝不会喜欢一个蓬头垢面、唉声叹气的女人。

所以她们离开谁都能活，并活的比上一段恋情还精彩。

因为她们相信，前面一定有一个明媚灿烂的少年。

03

定期体检

女人的生理构造很容易发生病变，但只要前期治疗得当，不会给生活质量造成影响。

但很多女人不敢去体检，害怕查出一些疾病，于是掩耳盗铃，自欺欺人地认为只要自己不去体检，身体就一定很健康。

见过世面的女人明白身体的重要性，更明白疾病的无情，它可能会降临到任何一个人身上，自己也不例外。

所以，她们懂得爱自己最好的方式，就是定期检查身体。

04

赚钱能力很重要

女人可以没钱，但一定要学会赚钱。

无论是否嫁人，都要学着赚钱。一方面是因为男人没你想象的那么强大，可能一次天灾人祸就将他打趴。

另一方面要为未来做好准备，毕竟你不知道意外和明天哪个会先来。

见过世面的女人都懂得，有钱真的可以给人安全感。

有钱之后，婚姻过得幸福自然好，过得不幸也不至于没有从头再来的机会。

05

及时止损

如果在一段感情里不开心，与其这样迁就下去，不如一拍两散，各自欢喜。

如果在一个职位上不开心，与其强迫接受，不如给自己找另外一个归途。

如果和一个朋友交往很勉强，与其假装欢笑，不如独自一人。

这个世界上选择很多，但不是所有的选择都是正确的。

当明白这一段感情或是工作对自己是拖累之后，与其勉强地接受，不如一刀两断，对他也好，对自己也好。

见过世面的女人，是不会把自己绑定在一个泥潭里的。

在即将陷进去的那一刻，她就会忍痛别离，不会因为前期付出的太多，而选择迁就此生。

06

学会装扮自己

笨女人只会抱怨这个世界是看脸的，而聪明女人已经利用了这一点，给自己化好了妆。

这世界没有那么多的天生丽质，只有后天的锲而不舍，长相不漂亮没关系，但学着让自己更漂亮和自己有关系。

见过世面的女人，懂得人是视觉动物，喜欢以貌取人。

所以自己穿着邋遢，就别怪别人嫌你不职业；自己穿着像大妈，就别怪孩子叫你“阿姨”。

笨女人只会抱怨法则，而聪明女人则会利用法则。

07

和优秀的人做朋友

物以类聚，人以群分。

好朋友之间，脾气、习惯都是会相互感染的。

和三观不正的人做朋友，自身三观也正不到哪里去；和优秀的人做朋友，自己也差不到哪里去。

有科学家研究证明，你的收入是你身边 5 个亲密朋友收入的平均值。

身边的一位老板曾说：想要年入百万，就和年入百万的人做朋友；想要自律上进，就和自律上进的人做朋友。你**想要成为什么样的人，就去和什么人做朋友。**

朋友之间都是类似的，如果你对现在自己的不太满意，或者对自己现在的状态认知不清，不妨看下身边的朋友，大多处于什么境地。

08

坚守自己的底线

底线是人之所以称为“人”的重要标准。

见过的世面越多，越明白一个人的底线，就是一个人的为人标准。

能够坚守底线的人，自身就有良好的修养，明白君子有所为有所不为。

这个时代是最好的时代，也是最坏的时代，物欲横流，诱惑无限。

一个人只有经得起诱惑，坚守自己的品质，才不会让自己无限制的膨胀下去。

比如有些人，前期挪用的公款数目可能很小，后期自己也会补上，但底线一旦被突破，挪用巨额公款只是时间问题。

见过世面的女人，是不会轻易突破自己的底线，不会轻易向欲望妥协，更不会与浑浊同流合污的。

09

爱护身体

医院的无痛人流病床上，躺着的大多数都是未婚女人。

男人只管风流，女人却要承担后果。

见过世面的女人懂得，要好好保护自己，无论男人说得有多动情，多感人，但发生意外之后，没有人可以替你去医院。

不要从垃圾堆里挑男人，也不要轻易地把身体交给他人，如果真的喜欢，也要有头脑的喜欢。

10

看书

如果不能行万里路，那就看万卷书！

曾以为抽烟、喝酒、泡吧、文身是很酷的事情，但这些事只要你想做，轻轻松松就能做到，其实更酷的事是坚持不懈地努力学习。

现在这个社会很浮躁，知识的来源也很多，但见过世面的女人懂得，知识一定是成体系的，不是简单的碎片化阅读就可以弥补的。

所以她们非常喜欢看书，尤其喜欢看一些“无用之书”，比如哲学、历史和数学。

读书越多，越会让女人懂得，自己所经历过的一切悲伤都有前人所经历过，并且不比自己少。自己的一切喜悦都有他人能够感同身受，所以自己在这个世上并不孤单。

读的书越多，朋友也越多。因为她可以透过书本，和千年之前的孔子交谈，也可以透过时间的茫茫无涯，和张爱玲谈论情感。

读书越多，越是能跳出小情小爱的牢笼，越是能深入地思考：为人一世，自己究竟想要活出怎样的人生。

看过了以上 10 条，你中了几条呢？

女人格局越来越大的4个迹象

何为格局?

费孝通说，我们的格局不是一捆一捆扎清楚的柴，而像是把一块石头丢在水面上，所发生的一圈圈推出去的波纹。

每个人都是他社会影响所推出去的圈子的中心，被圈子的波纹所推及的就发生联系，每个人在某一时间某一地点所动用的圈子是不一定相同的。

也就是说，格局越大，波纹便越远，社会影响也随之越广阔。

正应了那句老话：心有多大，舞台就有多大。

格要精细，局要大方。

格局并非天生，尤其对于女人来说，越来越开阔的格局，才能换得最纯良最通透也最美好的人生。

而女人的格局，做到了这4点，才是真的开阔。

01

不再纠缠

人生一世，时间是有限的，格局越大的人，越不会纠缠于糟糕的人或事。

余秋雨就曾说过：“人的生命格局一大，就不会在琐碎妆饰上沉陷。”

回首过去，我们会经历许多艰难困苦，会遇到许多烂人烂事，从这些泥潭中全身而退，真的很难做到。

我们很容易便纠缠其中，学不会放手，学不会自拔。

在犹豫和痛苦中一点一点消耗掉了时间，也失去了本可以变得更好的机会。

董卿说过这样一句话：“时间有限，要留给新鲜的东西。”

时间之河浩浩荡荡，所有我们已经经历过的，不管有多不堪或者多美好，都被裹挟着冲向了下游。

驻足河岸，我们要做的就是挥手不再见，把往事留给过去，把期待留给未来。

真正有大格局的人，她们心里清楚得很，哪些是自己想要的，哪些是自己不用的，她们会心无旁骛地朝着自己内心的方向前进。

这样的人，又哪来的时间和精力与烂人烂事纠缠呢。

02

不再抱怨

玛丽莲•梦露说过：“我很早就懂得，远离麻烦最好的方式是，不抱怨和索求任何。”

我听多了借口和怨言，然后才明白，生而在世，最不能规避的便是伤害。

每个人都或多或少地经历过伤害，甚至有时候，我们就是制造伤口的人。

所以，有格局的女人，她们早已经从抱怨的情绪中抽离了出来。

因为她们知道，抱怨是最没用的表达和倾诉，与其溺于烂人烂事，不如安然接受，然后认真思索出路。

卢思浩在书里写道：“没什么可抱怨的，就像很多你突然明白的道理，都有伏笔。”

选择了抱怨，也就放弃了获得道理的机会。

也就失去了拥抱成长的机会。

相反，从你打算抱怨的事物中去探索、去解读、去发现问题和经验。

反正伤口已经在那里了。

没有人是完美的，这个世界也不是完美的，当抱怨成了习惯，就如喝海水，喝的越多，渴得就越厉害。

愿你成为有格局的女人，不再抱怨，也不逃避，光芒万丈，坚韧而强大。

03

主动求变

三毛说：“偶尔抱怨一次人生可能是某种情感的宣泄，也无不可，但习惯性地抱怨而不寻求改变，便是不聪明的人了。”

不再抱怨是心，主动求变是行。

格局越来越大的女人，她们在面对麻烦和问题时，更善于求变，积极探索，从当下的困境中脱离出来。

这落实到行动上很难，但拥有这种意识和心态，更难得。

丘吉尔在他的诺贝尔文学奖作品中，就给出了这样的哲思：To improve is to change; to be perfect is to change often。（欲求新，则求变；欲求完美，求常变。）

河水的清澈在于流动，否则只会成为一潭死水，毫无生机。

生活也是一样。不停地找借口，或者抱怨的，都是让生活停止了前进，原地踏步的人，他们又怎么能迎来更美好的未来呢。

要往前走，迈开步子往前走。

忘掉那些工作中的不如意吧，想想怎么才能获得效率和进步。扔掉那些破破烂烂的人情交际和那个不再爱你的前男友吧，想想怎样让自己的生活更充实。

有许多事情还等着我们去做，要奔跑，要大步地奔跑。

你的格局，就在这奔跑的下一步，你的光明未来，也就在这前行的下一秒。

04

学会承担

皮克菲尔博士讲过，格局是谋篇布局的能力和做出严谨计划的能力。

那么我想，那些有格局的能做出布局和计划的女人，必然有着一颗强大自信勇于承担的大心脏。

看《仙剑奇侠传》的时候，对里面的一句台词印象深刻。

越祈说：“没有正常人可以一直不长大的，如果有人能一直像个小孩，那是因为有人帮她承担了她应该承担的东西。”

是的。

就像讲“自律”“他律”一样，当我们学不会自律，自然会遭遇众多的他律。

我们不主动去承担的话，就会被动地接受，到那时候，那些本来你可以承担的，便成了重不可负的东西。

另一方面，我们无法改变过去，也无法预知未来，但我们可以把握当下。

最可悲的事莫过于，陷于对未来的向往和期待，而对当下视而不见。以及，沉浸于过去无法自拔，而白白荒废了当下。

真正强大的女人，她们专注于生活，从不躲避，无所畏惧，脚踏实地，去面对，去承担，用行动改变环境。

我想，这般有格局的女人，自然会收获充盈丰沛的人生。

特别喜欢知乎上一位网友对于“格局”的解读，他说：

格局较低者，只在乎自我，坚持“我要赢，但我要身边的人都输”。

格局中上者，会顾及他人，信奉“我要赢，但我要身边的人一起赢”。

格局最高者，早已超然世外：“我根本不在乎自己赢不赢。”但因眼界和实力均已到位，虽无所谓输赢，却也绝不会输。

接下来的日子，愿我们都能做最好的自己。

拥有智慧，心态平和，不以物喜，不以己悲，全神贯注，不纠缠，不抱怨，成为真正有大格局的女人。

你有多自律，就有多美好

01

前阵子偶然间和高中时的女神小苏相见，本以为是一场很开心的会面，最后却让大家大失所望。

那个曾在班级里有着过人外貌与身材的女孩，变得肥胖又邋遢。聊天的时候，她说自己现在在家人介绍的小厂里当小文员，过着能管饱自己就好的自在小日子。

看着曾经闪耀无比的女神，变成跟自己想象中截然不同的样子，难免有点感慨。

见面结束后，同行的朋友说，女神毕业后去了离家很远的一所大学，父母没办法再严厉地管教她，她便不再像往常一样认真对待学业与生活，彻底解放，随意放纵自己。

最后，她没有成为被寄予厚望的女强人，而是泯然众人。人生前 18 年打的一副好牌，被大学 4 年的不自律彻底毁于一旦。

02

不自律的人生，到底有多糟糕

大学 4 年，要过英语 6 级的承诺说了无数次，练习买了一套又一套，可每次都到考试前一个星期才翻箱底匆匆开始复习，把结果交付于过 4 级时的运气，结果一败涂地。

说好要考公考研考雅思必定成功，花了数不清的钱买押题卷或是上补习课，但半途不是败给暖和的被窝，就是败给自己瞎想的“不可能”的压力，最后怪题太难，怪今年不走运，怪录取规则录取率。

减肥的“flag”（旗帜）一年立 365 遍，肉依然有增无减。春天还是没有穿上无袖的碎花裙，夏天依旧没塞下心爱的牛仔裤，秋衣盖不住肥胖的胳膊肉，冬天你以为遮掩得万无一失，其实不过是自己欺骗自己。

黑眼圈胜比烟熏妆，眼袋下垂到像个老太太，头发稀疏到和中年大叔别无两样。说好晚上 12 点前睡，不再熬夜，但每次不到一星期，又输给手机，败给游戏。结果身体每况愈下，生活处处不如意。

不自律，你以为只是让你做不成一件事，也没什么大不了的。

实际上不自律就像一条虫，慢慢侵蚀着你的人生，夺取你所期盼的，一点点让你难过，让你失望，最后绝望。在许多年后蓦然回首，才懊悔不已。

并非想要的总擦肩而过，而是你没有选择去自律、去努力，你的人生，连个“或许”都不存在。

03

自律的人生，到底有多美好

有这样一段话曾鼓舞了我很长时间：

你是真不知道努力变优秀的人生有多爽，还是你早就接受了所谓命运的安排？

人生不是一日一日的重复，当你有能力去选择你喜欢的工作、喜欢的人，你才知道，原来努力真的有用。

后悔的滋味真不好受，尤其是当你站在喜欢的人面前，亲口承认自己没有能力拥有的时候。

你真的，不打算用自己喜欢的方式去过这一生吗？

每次看到这段话，都会想到朋友 Cindy。

大学毕业不久后，大家都陆陆续续找到好工作，只有 Cindy 一个人在家当“无业游民”。她说，她想当空姐。

很多人都笑她在做无用功，做空姐就等于从学业上从头再来，实在是不值得。最重要的是，本来就平凡普通的身材和样貌，走空姐这条道路就是自己给自己挖坑。

可 Cindy 没听，固执地坚持着。

前段时间同学聚会，Cindy 的出现让大家都很惊讶。当年皮肤偏黝黑、干瘦又有点弯腰驼背的小妮子，变成了气质落落大方、外貌出众、身材姣好的大美女。

而在大家都讨论着外表光鲜，实则乏味无趣的工作时，Cindy 兴致盎然地聊起自己做空姐的所见所闻。

看着她聊天时眼睛发光的样子，我就知道，那份背后的坚持和自律，改变的不仅仅是她外貌、身材、工作，还让她得到了一份这世界令人羡慕的人生。

04

能摧毁你的，只有你自己

每次聊到自律的话题，很多人都会把自律失败的原因归咎于其他的人和事。

比如工作实在太多，一定要通宵加班才能完成。

比如别人说一句“开心点，人间不值得”，你就觉得及时享乐更重要，立马放弃减肥。

等到想改变的决心再度来袭，则在心底嘟囔身边的人没有提醒或是制止你。可你要明白，**这世界让你变得萎靡不振的，只有你自己。**

默默原来是个很可爱的胖女孩，决定要追暗恋多年的男神时，她开始严苛地对待自己：365天，天天控制饮食，绝不例外，每天都在健身房待一小时以上。

出落成干净清秀的女孩后，她如愿追到男神。可恋爱不到一年，两人就分手了。

因为男朋友总说不介意胖瘦问题，不论变成什么样都会一直和她走下去，要把她养成胖猪就没人会把她抢走的浪漫情话。本就耳根子软的默默，经不住考验，开始放纵自己。

解放天性海吃海喝后，体重很快就反弹了，甚至胖得更加不像样。最后，被分手了。

之后有很长一段时间，默默都在埋怨对方说话不算话，“渣男”一个。

男方的行为固然让人失望与心寒，但真正搞垮这段感情的，归根结底是默默自己。

毕竟，就像你的目光总爱看向优秀的人一样，别人也希望在身边的会是优秀美好的女孩。大部分的爱终归是“现实”的，你好，这段感情才会一直好。

茨威格曾在《断头王后》说过：

她那时候还太年轻，不知道所有命运赠送的礼物，早已在暗中标好了价格。

及时享乐，放纵自己的欲望，看上去活得随心所欲。

但她却不知道：每一个不自律的行为，都会给她带来更大的痛苦。

自律，是人一生的事业。

因为还有很多想要的没得到，所以要用自律打造一个更好的自己。因为得到了许多，所以要用更优秀的自己去配得上这份拥有。

05

自律，其实一点都不难

每次和读者聊到自律这个话题，很多人都会说，工作太忙，生活太累，保持自律几乎是一件不可能的事。

可自律，其实远比你想象得要简单。它不需要你设立多么遥不可及的目标，更不需要你流汗流泪多么艰辛才能达成。

它只需要你把每一件小事做好，早上尽量别赖床，中午休息时间看一会儿书，工作的时候保持专注、提高效率，晚上睡觉前把手机放远放好，周末抽两个小时看看电影。

有时候，甚至只是坚持每天多喝水。

就像很多女孩嚷嚷着的减肥，其实每天只要多走 10 分钟，少吃一口零食，哪怕每天只是多减零点几斤，堆积起来等来年夏天到来，也能够拥有让自己满意的身材，穿上心仪已久的裙子了。

把生活中平凡不起眼的点滴做好，终有一日，会汇聚成一股强大的力量，帮助你闪闪发光。

06

在知乎问题“极度自律的人内心世界是怎样的”底下，有个这样一个戳心的回答：

极度自律的人不会遇到两大人生难题：遇到挚爱，我却结婚了怎么办；特别喜欢某个东西，没钱怎么办？

因为自律能够给爱情和经济带来自由，使得人生不会在一次次损耗中走了样。

在这个世界上，在这么漫长的时光里，你想要的那么多，千万别让不自律导致和理想中的自己渐行渐远。

要记住，自律即自由。这绝无仅有的一生，一定要热烈地活着啊。

这10样东西，女人一生都不能丢

01

金钱

“金钱，常是你说话的资本”

电视剧《离婚律师》里有句台词说：“嫁个有钱人不如自己成为有钱人，女人只有在人格和经济都独立的情况下，才能获得真正的安全感。”

嫁给家境再好的人，也并不意味着你可以从此“高枕无忧”，懈怠生活。人生这么长，每段关系都难免会有矛盾争吵的时候。

这时，无资本的女人等于无“后路”，不知该何去何从，只能忍气吞声。有资本的你可以潇洒转身，不怕无处可去。

金钱，在一定程度上，为女人保值，也为女人塑造底气。

02
学习
“若想高级，唯有学习”

“女子无才便是德”这种想法早就过时了。**你所在的圈子，决定着你未来的样子。**只有学习，才能引领你遇到更出色的人，过让人歆羡的生活。

不忘学习的女人，会变得越来越知性与有涵养，更会拥有更广阔的天地。

03
容颜
“好的面貌，是第一吸引力”

格姐去年印象最深刻的话题之一，是“00后都开始用LA MER”了，许多网友“嘲讽”00后太过奢侈。

可格姐觉得，早点开始打理自己未尝不是好事。否则，等到了一定年龄，眼窝深陷，皱纹叠起，再怎么用心也无法补救了。

最重要的是，现在女性结婚的年纪越来越大，**让自己始终**

保持在最佳状态，才能对“大龄单身”4字做最好的反击。

04

自由

“自由，使你永远有资格别扭”

哪怕小鱼已为人妻，在外也依旧有自己的一套小房子。那里摆满了她喜欢的东西，堆满的书籍，一两件陶冶情操的乐器，消除烦闷的投影仪。

每次和老公吵架，或是工作生活遇到困难的时候，她都会跑到那小小的房间里休息，找回独属于自己的那份平静。

“女人必须有一个地方，永远为自己敞开大门”。**即使遇到再值得依赖的人，也要留住自己的一片小小天地。不离不弃的，永远是自己。**

05

优雅从容

“你若优雅，清风自来”

生活中总会发生大大小小的琐事，扰了心房，乱了阵脚，只会让日子变得苦不堪言。

与命运最大的斗争，不是打得灰头土脸，而是过得优雅从容。

只愿繁华落尽，你仍能素心不改，优雅从容地给生活一个绝地反击。

06

洒脱

“失去是常态，洒脱是最好的状态”

好友渐行渐远，爱人总要分离，亲人也有逝去之时。我们都已经到了一个面临失去的年纪，而洒脱，是摆脱消极心态的最佳方式。

人生漫长，我们还有很多很多路要走。你不洒脱，只会堕落。

07

浪漫

“美丽动人，浪漫可贵”

一段感情变质的原因，常常是彼此把浪漫搞丢，太过活在柴米油盐酱油醋的日常生活里。

你面前那个小小的世界是个幻觉，浪漫本身也是个幻觉。浪漫不是真实的，餐布下的世界也不是。

但如果你能偶尔掀起餐布，这样你或许就能学会如何成为浪漫的女人。

浪漫，能使女人永远让人捉摸不透，永远有吸引力，永保魅力。

08

可爱

“若想被爱，那便可爱”

问过多位男性朋友，90% 的人都表示，可爱的女生久处不厌，徒有漂亮外表的女生则容易让人心生厌倦。

最重要的是，“人不是因为美丽而可爱，而是因为可爱而美丽”。

所以啊，**若想长久地被爱，那就好好保持可爱吧。**

09

勇敢

“你若不勇敢，没人替你坚强”

再护着你的人，终有离开之时。所以再爱也不能百分之一百依赖，再值得信赖也要保留自己的勇敢。

别到了被丢弃那一刻，才发现自己被击得溃不成军。

要做个勇敢的精灵，不惧狂风撕碎你的翅膀。

10

梦想

“没有梦想的女人，只剩皮囊”

我见过女人最闪闪发光、引人注目的时候，便是聊及梦想的时候。

她们的目光不拘泥于家庭琐屑或工作上的苦恼，只因心中有更远的彼方。于是，她们从容，她们自信，她们勇敢。

梦想，是一个女人变优秀最好的武器。它能使你逃离小格局，过最最精彩灿烂的人生。

“我不愿意过将就的人生”

大学室友英之的房子到期了，上个周末拉着我满上海地找房子。

看了一家房子，嫌弃房子的阳台太小，不能养她的花花草草；看了下一家的又觉得没有厨房，不能自己在家煮饭；又看了几个，不是嫌弃隔音措施差，就是嫌弃房间没有独立卫生间，林林总总一整天看了十几家，把中介都看得没脾气。

我就对英之说：“这些房子离你公司都很近，地铁也很方便，将就一下就行了。”

英之斩钉截铁地说：“**不，我不愿意过将就的人生。**”

01

其实很多人都不喜欢将就，就像林子和我说的：“我也很喜欢煮饭，平时不喜欢在外面吃饭，喜欢在家里做一两个小菜，搭配上一杯清酒一个人在家慢慢享受。”

然而刚参加工作那会，林子整天忙得团团转，一个方案从早上9点改到凌晨一两点，印象最清楚的一次是有一次方案后天要上线，林子整晚就没回家，在办公室里睡了两天。

别说给自己煮饭，林子连衣服都没有换。虽说很不想将就，可林子就这样将就了一两年。

那时候的林子每天工作得都很痛苦，觉得“这不是我想要的人生”，**明明我们努力工作是为了改善生活，但为什么为了努力工作却牺牲了我们的生活。**

02

林子还说：“刚参加工作那会，我妈对我一百个不放心，整天催我早点找男朋友。”光催还不算，还给林子介绍了很多单身优质男青年，一心想着让林子早点成家。

没办法，那时候林子经济还没独立，偶尔还要家里接济，难免要服从家长的安排，不得不和没感觉的男人一起去吃饭。

林子相亲的次数并不多，满打满算也只有三次，可三次的结果都是不欢而散。

- 第一个男生和林子说：“我希望我的老婆以后不要参加工作，我养着就够了。”
- 第二个男生和林子说：“我妈很喜欢你，夸你漂亮又聪明。”
- 第三个男生问林子：“你交过几个男朋友？我不喜欢情史太丰富的女生。”

第四次相亲的时候林子跑了，林子实在受不了相亲时的功利性了。仿佛只要条件谈妥，不管你是什么人，不管有没有感觉，不管爱不爱，两个人都可以去结婚。

反正，婚姻就是两个人的相互将就，将就着将就着，一生就过完了。在有些人眼里，婚姻不就是这么回事吗！

03

尽管林子不喜欢将就，但却没有勇气像英之那样大声向世界喊出：“我不将就。”

因为林子没钱。

每个女孩子心里都有一个公主梦，林子也不例外，林子想要把自己的房间布置得漂漂亮亮、干干净净。最好还有一个大飘窗，能满足她坐在窗前看书的欲望。

然而刚来上海时，物价贵的超乎想象，林子只能和陌生人合租，三四个人共用着一个卫生间。

每天洗漱要掐点，稍微晚了那么一点点，便会有人占用洗手间。洗衣服更是不敢去用洗衣机，因为有人会在里面洗袜子、洗内裤。

厨房形同虚设，直接变成了林子室友们的公用杂货间。

隔音措施差到“爆”，隔壁小情侣的嬉笑怒骂全都能听见，有时林子实在忍不了，便只能假装咳嗽两声，对方才会有所收敛。

住在里面的每个人都以为自己只是将就小半年，可没想到有些人，在里面将就了 4 年，未来或许还会在里面将就着……

“我不愿意过将就的人生”。可是林子却又不得不在生活中将就。

但是，当林子看到室友在4年之前入住时说着“将就小半年”，4年之后依然说着“将就小半年”之后，林子怕了。

林子怕自己变得也像他们一样，将就着将就着就丢掉了向上的欲望，将就着将就着就把日子过成了寻常，将就着将就着一辈子就这样过去了。

所以林子要改变。

04

我们不想为了努力工作丢掉生活，所以我们更要加倍地努力。

在那段熬夜写方案的日子里，林子每天都在不停地努力。

上司不满意林子的方案，林子就改，改一遍、两遍、三遍……甚至十几遍，直到上司点点头说有点感觉了。

后来林子改方案的速度越来越快，原来需要改十几遍的稿子最后只需要一两遍，有时候初稿直接通过，直接定决定方案。

林子加班的日子也越来越短，从原来的通宵，到后来的11点，再到后来的准时下班。

林子不会再去追问自己：“是努力工作还是好好享受生活？”因为林子可以两者得兼。

林子也不必再听从母亲的指示，去和陌生男人共进晚餐。经济独立之后的林子完全有能力负担自己的一切开销，事实也证明了她一个人也可以生活得很好。

林子妈妈来上海看过林子之后说：“我不是逼你一定要嫁人，而是担心你一个人生活得不好，才想让你找个依靠。现在看你一个人过得很好，我也就放心了。”

经济独立之后的林子不必对感情将就，喜欢就喜欢，不喜欢就不喜欢，不用看谁的脸色，也不用听谁的安排。

遇到有感觉的人就恋爱，遇到不喜欢的人就走开，人生就是如此简单。

05

其实我们每个人都有一段不得不将就的日子，那段日子或许是我们的人生刚起步阶段，或许我们遭遇了一场人生变故。

但即使日子再不幸，我们也不应潦草地过完自己的一生。

我们对生活可以将就，但将就的日子要有一个期限。现在的“将就”是为了以后的“不将就”，而不应是我们长久生活的常态。

我怕的是我们还没来得及去努力，就开始安慰自己“别人都是这样将就着活的”。

我怕的是我们精神稍微一懈怠，就开始自我安慰：“何必那么拼呢，将就一下就轻松了。”

所以，我们必须要告诉自己：“我不愿意过将就的人生。”

人生再艰难，我们还能用自己的脑子去拼，没有脑子我们还有自己的双手，只要我们肯努力，一定会有一个“不将就的人生”。

我们都是平凡的人，但总有些人不愿平平淡淡过完一生，对于生活不愿意将就，也不会敷衍自己。如果将就着和一个不爱的人在一起，那还不如一个人孤傲地活着。

我更愿意成为我想成为的样子，在漫长的日子里不被消磨也不需将就，担得起期望与信任，不放弃努力付出，不慌不忙。

PART 3

不必讨好，自带光芒

—— 两个人最好的状态莫过于互相欣赏，惺惺相惜。——

余生，找一个欣赏你的男人

以前的邻居是一个大学美术老师，业余时间在小区搞了一个“绘画培训班”，免费教学，为的就是让小区里赋闲在家的人们陶冶一下情操。

培训班办了大半年，学员们小有收获，于是在小区里举办了一期“素人绘画展”，为的就是让更多人，看到自己的作品。

展览那天，明显可以看出那些画作的作者们精心打扮了一番，热情地接待前来参观的邻居，时不时对邻居的赞美回应“画得没那么好”，但其实她们脸上早已乐开了花。

然而，偏偏有人过来煞风景。一位阿姨的丈夫也来参观“素人绘画展”，黑着脸看着自己老婆画的郁金香，呵斥自己老婆说：“天天不在家看孩子，就学了这么个‘鬼玩意儿’，我都能画。”

话音未落，阿姨的脸上的笑容骤然消失了，尴尬地站在那里。

邻居看不过去了，出来解围说：“刚学了半年就能画成这样，已经很下功夫了。”

阿姨丈夫看到邻居来了，脸色一下变得柔和，拉着他悄悄地说：“你不能夸她，一夸她回家就不看孙子了，天天净想着画画。”

至亲至爱的夫妻，相处了一辈子居然欣赏不了你的灵魂与情操，对你的努力与坚持视而不见，却埋怨你不能像别的女人一样相夫教子。

无怪乎有人说：“余生要找一个欣赏你的男人。”

因为不欣赏你的男人，根本看到你的闪光点。你工作上雷厉风行，他埋怨你不会下厨弄菜；你弹琴练字，他觉得你浪费时间；你时尚美艳，他嫌你不懂省钱。

不懂得欣赏你的男人，你的美、你的好、你的独特，在他眼里一文不值。但其实，你雷厉风行的样子不知迷倒了多少英雄少年；岁月静好中，不知有多少才子为你倾倒；你的时尚美艳，让不知多少多情少年拜倒在你的石榴裙下。

01

书中说："真正的爱情不是找个完美的人，而是用完美的眼光去欣赏不完美的人。"

黄磊在《我太太这样的女人》一文中写道："她从不冷静，但也极少发怒；她善良单纯，一直处于少女状态，有时候我都担心大女儿近期内会成长得比她更成熟周全。"

在黄磊的眼里，太太也并非完美的太太。

但是我遇到了这样的女人，爱了20年。我太太这样的女人，其实不罕见，应该属于普通型。但是在我的心中，却是只此一款，不退不换。

在黄磊的笔下，不完美的太太却是最完美的一个，任何人都代替不了。

好的感情就是这样，彼此遇到了欣赏自己的人。她不见得完美，可能是众多繁花中最不起眼的那一株，但在他眼里，她就是他心里最完美的那一朵。

两个人最好的状态莫过于互相欣赏，惺惺相惜。你懂我的心疼与欢愉，我了解你的不易与憧憬。在人世间互相扶持，彼此温暖、携手前进。

02

俗话说“情人眼里出西施”。

其实不单只是外貌，你的性格、兴趣、努力和执着，**你在别人眼里微不足道的一些小成就，在爱人眼里就是值得欣赏和赞美的伟大成果。**

就像《还珠格格》里，小燕子冒冒失失，爱闯祸，不通文墨，如果不是主角光环，早已不知被处死多少回了，然而永琪却对这样的小燕子爱得深沉。

小燕子假扮太监翻墙外出，被五阿哥永琪抓住。按道理，私自外出是大罪，永琪应该教训她，可永琪非但没教训她，反而欣赏她的桀骜不驯，温柔地对她说：“你还要给我多少惊喜和意外呢。”

小燕子不会作诗，不会画画，只会说：“举头望明月，低头见蟑螂。”然而文采横溢的五阿哥却欣赏她的真实可爱。即使她粗俗、文墨不通，他却能够欣赏她所有的模样。

这两个怎么看都不般配的两个人，如果永琪不是真的懂得欣赏小燕子的优点，又怎么会义无反顾地爱上她呢。

遇到一个能够欣赏你的男人，重要的不是你做了多么了不起的事情，而是他能够在生活中发现你的一点点的小成就，并用欣赏的眼光加以呵护。

对方只有发自内心的欣赏，才能一直看见你的好，才会对你的爱意丝毫不减。

在他欣赏的目光中，你也会发现一个完全不同的自己：原来自己竟是这么优秀！然后更加自信与努力，让自己变得更优秀。

03

不懂欣赏你的男人，即使你有万般优点，他都视而不见。

不欣赏你的男人，即使你美得男人看了想落泪，女人看了会沉默，在他眼里你还是和寻常人一样，都是两个眼睛一个嘴巴，比别人美不到哪里去。

鲁迅先生欣赏不了旧时代的朱安，在新婚不久就转身不见；然而胡适却对旧时代女人江冬秀不离不弃。

同样是大字不识、文墨不通的女人，**遇到了欣赏你的男人，你就是一块美玉，浑身散发着光芒**；遇到了不懂欣赏你的男人，你就是一块煤渣，看到了就想踩一脚。

不懂得欣赏你的男人，无法欣赏你的温柔、你的单纯，无法欣赏你的灵魂与情操。这样的两个人，又如何谈得上长相厮守呢？

04

感情不是一个人的独角戏，个人的优秀并不是通往幸福的关键。正所谓搭个班子好唱戏，要的就是相互配合相互欣赏。

你欣赏他的能力、他的坚强，他欣赏你的高傲和你的人格。两个人在感情中相互欣赏、相互赞美，才是维持关系长久的关键。

蒋方舟说："真正欣赏你的人，是欣赏你骄傲的样子，而不是你故作谦卑或讨好的样子。"

一个真正懂得欣赏你的人，甚至比你本人还能发现你身上的美好，从不吝啬地对你表达赞扬，让你变得更加自信。

真正懂得欣赏你的人，能看到你所有的温柔和善良，能欣赏你的人格和倔强，你无须改变自己，因为在他眼里，你已是这世界上最完美的女人。

真正懂得欣赏你的人，会和你一起发现这个世界的美好，在他欣赏的目光下，你会变得越来越有勇气，并和他一起迈向更高的台阶。

世界上最温柔的感情莫过于此。

人生漫长，**最美不过遇到一个懂得欣赏你的人**，相识、相知、相爱、相惜、相伴。倾付柔情，与之相守。

愿你我，都能遇到懂得欣赏自己的男人。

女人如何拥有持续的吸引力？

小梦抱怨男朋友对她越来越不上心。他们在一起两年多了，刚恋爱的大半年两人十分甜蜜，但在一起越久，男朋友对她越来越冷淡。

其实很多人都有这样的感触，和恋人相处了一段时间之后，爱情的新鲜感越来越淡化，随之而来是失落与不满的情绪交织。其实所有感情都会经历从热恋到平淡的过程，婚姻也是。走入婚姻后，爱情从花前月下的浪漫逐渐转入柴米油盐之中，是琐碎，是平淡。

“执子之手，与子偕老”是每对夫妻最渴望的状态，但从现今如此高的离婚率来看，又有多少夫妻真的能够相守到老，不离不弃。

想要从喜欢到爱，从心动到古稀，如果你不能永葆吸引力，怎么可以保证一辈子牢牢锁住对方的心？

01

适度保持神秘感

很多女孩子乐于展现自己最完美的那一面给对方看，让喜欢的人知道自己有多好：会煮一桌好菜、会做家事、有多少才艺、有多温柔体贴包容等。天真地以为这样他就会喜欢自己。

其实这样反而让男人吃定你。即使你再爱对方，也要保持自己的一点神秘感，一点点地给他惊喜。在男人眼里，“神秘”的女人对他们才有强烈的吸引力。

因为男人是天生的狩猎者，他们对于那些能引起他们强烈好感的女性，永远保持着强烈的靠近欲和征服欲。

比如，偶尔打破一成不变的生活，突然地给对方带来一个惊喜，创造生活的小情趣，能让感情变得更加甜蜜浪漫。

很多姑娘特别傻，爱一个人爱到了尘埃里，为他付出一切仍甘之如饴，但不是所有男人都值得你爱的。

笑笑最近就遇到了这样的烦心事。她认识了一个男生，每天对她嘘寒问暖，关怀备至，笑笑感动极了，她说从没人对她那么好过，于是不久他们就在一起了。但好景不长，那个男生得到她的全部以后，就狠心地离她而去了。

渣确实是渣，但姑娘你得知道有的男人表现得特别殷勤，只是为了哄你上床而已，所以事后才会明显冷淡。

因为对于男人来说，他已经得到你了，没什么新鲜感了，你已经不是他心中那个遥不可及的梦了，他已经对你丧失了兴趣。这很残忍吧，别做傻姑娘了，好好擦亮眼睛分辨他是爱你，还是想睡你。

再说柴米油盐的婚姻，是两人漫长岁月里的相濡以沫，从新婚燕尔到老夫老妻相看两相厌，再炽热的感情都会趋于平淡，曾经的怦然心动化为平淡如水。这就是生活的常态。

恋爱也好婚姻也罢，想要拥有持续的吸引力，保持适度的神秘感尤其重要。如果异性间没有对这种神秘感的探索，那么，两人的吸引力便无从产生。

- 不能做太好追的姑娘，因为你越难追，他以后就会越珍惜你。
- 不能做爱太满的姑娘，有时候若即若离，让他捉摸不透，反而让他对你有更多的期待感。
- 不能做自卑的姑娘，因为你值得最好的，取悦自己比取悦他人更为重要，太懂事的姑娘没人疼。

02

保持适当的距离
给予彼此一定的空间

很多姑娘一谈起恋爱就变得特别黏人，但是爱情是需要呼吸的，如果总是缠着对方，黏在一起也会使人兴趣索然。如果每天打十多个电话，强行要求对方汇报行踪，见了什么人、去了哪里、吃了什么，只会让爱变成甜蜜的负担，压得对方喘不上气，想要逃离。

我的同事出了名的“妻管严”，他的老婆十分强势，要求所有工资全部上交，所有行程都要报备，更不许和异性过多接触……

记得上次和同事吃饭，同事在点餐的地方踌躇了很久，起初我是以为同事纠结不知道吃什么，后来才知道，他老婆嫌弃他胖，逼着减肥，每天中午的饭菜都要拍给他老婆看，有时候还会突击视频查看。可是按照他老婆的标准对于一个大男人来说根本吃不饱，同事常常饿得两眼无神，无心工作。

在这循环往复的压力下，他失踪了。

他老婆急得跟热锅上的蚂蚁似的到处寻他，三天后他才出现，原来是去庙里找清净了。

我对他的遭遇深表同情。两个人的互相关心是必要的，但是过度的爱真的只会让对方陷入深渊。

真正亲密的关系，是两个人既紧密相关，又有各自独立的空间。

尊重彼此的喜怒哀乐，彼此给对方一个距离，一个空间，让其去渴望、去充满柔情地等待。

03
善于沟通倾诉
多一份包容与理解

都说最好的爱情模式是相敬如宾、举案齐眉，但人无完人，每个人都有自己的脾气，两人整日生活在一起，免不了出现磕磕碰碰。

据说世界上最恩爱的夫妻，一辈子里都至少有过 200 次离婚的念头，和 50 次掐死对方的想法。

格姐觉得夫妻吵架不一定是坏事，但最怕的是两人无法沟通的冷漠。

我曾看到一个说法，我们在表达非肯定信息时，有 7 种错误做法很常见：

视若无睹的回应，各说各话的尴尬，岔开话题不接茬，插嘴，无人情味，含糊其辞，表里不一。

深以为然。

这 7 种做法的本质就是否定和回避，其中任何一种都会让你们的沟通难以进行。如果永远陷在无意义的沟通里，形成彼此指责，彼此黑化的恶性循环，是十分可怕的事情。

为了避免这种无意义的恶性循环，你需要从指责中跳出来，尽量把自己的问题和需求说清楚，而不是责难、控制、抱怨、继续提要求。

一段幸福美满的婚姻，需要夫妻两人给予彼此更多的包容与理解。**良好的沟通更是爱情的催化剂，确保彼此的身心不会产生距离**。这样才能让感情幸福而长久。

04

提升自己的人格魅力

常言道：“美丽的女人让男人停下，智慧的女人让男人留下。”

但在格姐看来，美貌与内在修养同样的重要。

张爱玲曾说：“女人如果不性感，就要感性；如果没有感性，就要理性；如果没有理性，就要有自知之明，如果连这个都没有了，她只有不幸。”

女为悦己者容，谁不喜欢把自己打扮得光鲜亮丽的呢？当然所谓美并不只是为了取悦他人，而是通过欣赏自己建立的一种自信心。

可是有很多姑娘却疏于对自己打扮，尤其是当了妈妈以后，又要忙孩子，又要操持家务，心力交瘁，哪有时间顾及自己的容貌。但是，即使再辛劳，也要给自己留一些空间，把自己收拾干净漂亮，这样自己心情也好，老公看着也舒心呀。

当然世界上的美人千千万，仅仅靠容貌吸引来的注意力不够持久，内心持续性的修炼才能让魅力真正永恒。

女人就要去学习，去见世面，因为内心的厚实难以被动摇，充实的内在经得起岁月推敲、时间洗涤，那才是持久的美。

只有两个人保持同频，共同进步，才是保证婚姻长久的良方。

电视剧《我的前半生》里的唐晶曾说：“两个人在一起，进步快的那个人，总会甩掉原地踏步的人，因为人的本能，都是希望能够更多地探求生命、生活的外延和内涵。”

当你自己经济独立，人格独立时，浑身上下都会散发着自信的光芒。

女人最怕的就是你的爱卑微到了尘埃，曾以为人生最糟的事情是失去了最爱的人，其实最糟糕的事情却是你因为太爱一个人而失去了自己。

男女间要相互保持吸引力，是一门很高深的学问，当然无论你如何做出改变，都要保持真我，即使是在生命中最重要的人面前我们也要秉承一个原则：在一起，做自己。

最后与你们分享一段话，希望你们都能幸福久久。

当你在不断往前奔跑的时候，愿你即便强大到无须有人陪，却依然幸运到有人细水长流地陪在身边。

别被“他需要我”毁了你自己

01

南方的秋天到了。气温一天天地降，待到傍晚，会有藏着雨水的云朵罩在天上。想着母校的夹竹桃该是开了，于是周五时，联系了闺蜜欲一同前往。

一直到很晚，闺蜜才给我回复消息，她说：“不去了。”

追问之下，才知道她老公出差这周末回来，她想准备一餐好饭。

这两口子，结婚3年多似乎还一直保有着热情。如此想着，便也不去打扰，第二天自己驱车前往。

正当我沉浸在满眼翠红时，闺蜜给我发来消息，“早知道就跟你去了。”

原来，她忙活了一早上搞定的菜肴，丈夫非但没表现出喜悦，反而责备她把床单被套洗了，害他不能好好补一觉。

“一桌子吃的看不到，倒是一眼看到阳台上挂的衣服了。”“忙活这么多，还不是想着他需要，真是好心喂了狗。”

回来之后，我去找了她，一番细聊，才知道这种情况已经发生好多次了，她们两口子的状态并不如我想象的那般美好。

一次，看电影时，丈夫对女主的马甲线念念不忘，见状，她便马上去办了张健身卡，每周都背着丈夫去训练，只为了给他一个惊喜。

然而，当她骄傲地同他展示锻炼成果时，丈夫却没有如她预想表现出惊喜，反而在得知健身卡花了6000多块时，骂她败家。

可是，过去的几个月，她忍受了多少肚皮“撕裂”的痛苦；喜欢的甜食再也没碰；朋友约着吃火锅也一律拒绝；她几乎把自己的生活，全部放在了给丈夫的这次“惊喜”上。

看着她落寞的眼神，我很是心疼。

于是忍不住问了句：“如果再给你选，你还会去练马甲线吗？”

她果断地摇了摇头：“不会了，我还是想吃火锅。”

那一刻，我的心疼不只是关乎她的落寞，更关乎她在这段感情里丢失了自我。

总想着“他需要什么什么”，且不说他是否真的需要，如此毫无保留地放弃自己迎合对方，真的值吗?

我无意打扰别人的幸福，感情需要迎合，但那是最低级的保鲜方式。

好的感情应该是契合，他会允许你犯错，会包容你不足的地方，当然你需要改变，但不是为了他，而是为了成为更好的自己。

02

金星曾说过，女人最大的误会是总觉得男人需要自己。

很长一段时间，我都没想通这句话，直到听说了刘德华与朱丽倩的故事。

也许很多人对“朱丽倩”这个名字很是陌生，她正是刘天王的妻子，细算的话，两人已经相伴走过 30 年了。

朱丽倩是刘德华的“小迷妹”，认识华仔时，她才 20 岁，正是犯“花痴”的年纪。

不过，据天王自己回忆，朱丽倩虽然多次公开示爱，但在他面前，却常常表现得镇定，“一点儿也不像个粉丝”。

大概是这份与众不同的特质感染了天王，3 年后，两人同居。

朱丽倩喜欢吃，对烹饪十分感兴趣，两人同居后，更是每天待在厨房里，探索各种好吃的。

很快，模特出身的她身形便走样了，成了一个胖妞。

照片被曝出来后，迅速大家把矛头对准了她，这也配做“天王嫂”？

就连天王自己也“吓唬”她：我们都还没结婚呢，你把自己搞成这样，不怕嫁不出去吗?

朱丽倩却对此充耳不闻，她笑着对天王说道：“你老婆就必须好身材吗? 如果只是为了你的需要，放弃我自己喜欢的事情，那我宁愿不做‘天王嫂’。”

朱丽倩的话，每一个字都掷地有声，我是我人生的唯一主宰，而你只是我人生的一个填补；如果因为你，而让我必须做出我不愿意做出的改变，那很遗憾，我宁愿不要你。

哪怕你是万人倾慕的“天王”。

再回头看金星的那句话，并不是说男人不需要女人，而是指，女人的人生不能屈尊于男人，女人的活法不能建立在男人的需求之上，女人的行动准则掌握在女人手里，不能由男人来制定。

做你想做的事情，不是因为他需要，而是因为你自己需要。

03

听着，女人，男人不需要你为了不乱花钱，而去买便宜的面膜。

不需要你为了洗衣服打扫屋子，赔上自己的业余时间。

不需要你为了他喜爱某短发女星，剪去自己多年的长发。

不需要你为了他满意的身材，放弃甜品和夜宵。

不需要你为了满足他的胃，把瑜伽课换成美食班。

他们不需要你把自己的人生全部交付给他们。

他们需要的是一个真实的、愉悦的、忠诚自己为自己而活的你。

女人的归宿从来只有女人自己，比起忧虑自己是否会获得他的肯定，更重要的难道不是取悦自己吗?

亦舒曾说，女人一定要活出自己的尊严，要活出自己的味道，要活出自己的风度，要活出自己的价值，千万不要为了男人而失去理智，也不要为了男人而改变自己，更不要为了男人而迷失自我。

而在另一本书里，我也看到这些话：即便结婚，即便有一个男人很爱很爱自己，自己也很爱很爱他，但那也只是一个男人而已，她不能为了一个男人，为了一份安逸的生活，就把自己退化成圈养动物。

是啊，这个社会已经给了女性太多的精神束缚，如果我们还想着“他需要我”，画地为牢，一生为他人而活，那么你将永远活不出人生的精彩。

愿我们都能在各自的人生苦旅中，自食其力，也自得其乐。

写给天下那些傻女人，句句戳心

有人说，女人最傻，钟情于小事过往，纠结于琐碎的情绪中，看不透，摸不清。

无论爱情，还是友情，一旦投入，就会陷在里面，不管不顾，直到遍体鳞伤，再无退路。

电视节目《非你莫属》和《爱情保卫战》里就有太多这样拎不清，走不出来的女人，她们争，她们吵，每每如此，导师涂磊总能以一番言论，直戳人心。

今天，就来听一听涂磊的一些情感忠告。

01

弄明白喜欢和爱，交一个坦荡君子

他说：“很多人活了半辈子，都不明白什么是爱。”

喜欢与责任无关，而爱一定要负责任。

春风得意的浪子回头最珍贵，穷途末路的认错悔改最虚伪。

分清谁对你才是爱，谁的关怀乏善可陈、微乎其微。

选一个真心爱你的人，宠你，心疼你、携手并进，相辅相成。

弄明白自己的心，不要把习惯当爱，不要把舍不得当还爱着。有一种情绪叫不甘心，有一种不舍叫“得不到的永远在骚动”。

交一个坦荡君子，会让你受益一生；处一个是非小人，会让你深陷泥潭。

你的好对别人来说就像一颗糖，吃了就忘记是谁给的了。

你的坏对别人来说就像一颗钉，疼了就记住是谁伤的了。

爱也要有所选择，即便一见倾心，品性不良，宁做陌路人。

02

爱时请深爱，不爱就离开

爱情是精确的，有些人是你生命中的过客，却是你记忆中的长客，但客毕竟是客。

爱了便勇敢去爱，不要暧昧，伤人伤己。

此外，每个爱人都不是完美的。这个男人可以给你忠诚，另外一个男人可以给你浪漫，还有一个男人可以给你财富，但是一个人真正的幸福不是得到的更多，而是计较的更少。

爱时便深爱，感情变了，便洒脱看开。

涂磊说：

只有爱不爱，没有合不合！没有人天生为你准备，磨合的过程固然痛苦，但过后的水乳交融却更有意义。

中途退出的人，无非是不够爱，却偏偏说不适合，有缘无分之说更是‘扯淡’的借口。

真爱，就坚持，没有炼狱般的彼此磨合，哪来心有灵犀的一生浪漫。

记得看过一个段子，男人和女人一起去看电影。影片是一出爱情悲剧，两个主角因为喜欢而在一起，因为了解而分开，分分合合数次后，终究成了相见两生厌的仇人，昔日美好也悉数忘却。

电影散场，两人唏嘘，男人和她约定，若是多年后，无缘继续走下去，便给对方发一句：“爱过，祝好，不见。”

因为用心爱过的人，不必计较。爱过是经历，爱不到最后也不必强求，彼此祝福，各自精彩就好。

03

原谅要有期限，做人要有底线

傻女人，不仅容易在感情中迷失，遇到问题时，也常委屈自己。

面对不知足的人，你每次的付出都是白给。只要一次拒绝，对方就抱怨你不够意思，忘掉了你所有的好心好意。

一味索取、一味付出都是感情的杀手，接受得理所当然的人不懂感恩，不停付出的人苦不堪言。

涂磊说：“对于伤害我们的人的原谅，一次是痴情；两次是包容；三次就是犯贱。

对于爱我们的人，一次伤害是无心；二次伤害是无情；三次伤害是无耻。

不轻诺，故我不负人；不信诺，故人不负我。

人性的思维习惯：第一、眼里绝不揉沙子；第二、把沙子揉碎在眼睛里；第三、任由沙子在眼睛里转悠。”

做人要有底线，原谅要有期限，对伤害我们的人包容，就是对爱我们的人残忍。

04

爱别人少一点，爱自己多一点

一步步退是爱，一次次妥协是不舍。但生活里，爱人七分足矣，剩下三分要爱自己。

爱一个人可以爱到骨子里，但不能低到尘埃里。

当你爱到丢了自己，那些吸引他的魅力也会荡然无存。如果你爱到恍惚，再无开心，那他也不会感受到关系里的甜和幸福。

涂磊说：“善良的女人管住男人的胃，功利的女人管住男人的钱，愚蠢的女人管住男人的身体，聪明的女人管住自己的尊严。”

先爱己，而后爱人。率性开怀做自己，才能遇到那个爱你本来样子的人；爽朗自在享受生活，才会感染那个身边的人。

人生漫漫，我们总是善于去伤害那些爱我们的人，因为我们根本伤害不了那些不爱我们的人。

生命苦短，我们总是甘愿被那些我们爱的人伤害，那是因为我们爱他们。

对身边的人好一点，对在乎你的人好一点。

爱别人少一点，爱亲人多一点。

天下傻女人太多，对自己狠一点，看清不想看清的，舍弃不值得的。

做一个明媚向阳的女子，微笑向暖，安之若素，你若盛开，清风自来。

喜欢和爱的距离，到底有多远

有人问，喜欢和爱的区别是什么，其实答案很简单：

喜欢是一种心情，而爱是一种感情；

喜欢是淡淡的爱，而爱是深深的喜欢；

喜欢是心甘情愿，而爱是义无反顾；

喜欢是有你真好，而爱是非你不可；

喜欢向前一步，会发展成爱；而爱退后一步，是一无所有。

01

喜欢是云想衣裳花想容

爱是除却巫山不是云

《白马啸西风》中曾写道："江南有杨柳、桃花，有燕子、金鱼……汉人中有的是英俊勇武的少年，倜傥潇洒的少年……"

但李文秀却说："那都是很好很好的，可我都不喜欢。"

李文秀喜欢了一个生活在大漠地区的哈萨克少年，因为喜欢一个人，便爱上了一座城。

尽管大漠地区常年风沙弥漫，天气恶劣，比不得江南的风和日丽，有燕子、金鱼做伴。

可李文秀却不喜欢江南。其实并非不喜欢，只是江南一切都好，却没有那个哈萨克族少年。

因为爱你，所以我爱上了这里的一切。

李白曾说："云想衣裳花想容。"美丽的东西谁都喜欢，但爱则是除了你，再美的人我都不喜欢。

我曾经和丸子聊天时问她："你喜欢什么样的男生？"

丸子说："我喜欢笑起来坏坏的，最好有肌肉的，身高180厘米以上的。"

可后来，丸子却爱上了一个胖胖的男生。

喜欢是因为你漂亮，所以我喜欢；爱是因为喜欢你，所以觉得你格外的美。

有人曾说：

我喜欢阳光，因为会感觉到很暖。

我喜欢玫瑰花，因为绽放时很美丽。

我喜欢秋天的落叶，一场秋雨过后，衬托得整条街都有诗意。

但我最爱的，却是眼前的你，说不出喜欢你什么，但已经离不开你。

爱上一个人，是没有理由的，如果他能明确知道喜欢你什么，那或许是不够喜欢你。正因为不确定具体喜欢你什么，所以就喜欢你和你所有的一切。

就像叶芝写给一生挚爱的诗歌：

多少人曾爱你青春欢畅的时辰，

爱慕你的美丽 假意或真心，

只有一个人还爱你虔诚的灵魂，

爱你苍老的脸上的皱纹。

你青春年少时的娇俏容颜谁都喜欢，但老年时能欣赏你脸庞上皱纹的人只有我。不是我爱你脸上的皱纹，只是那条皱纹长在你脸上，所以我格外的喜欢。

02

喜欢是乍见之欢 爱是久处不厌

喜欢是一见钟情，爱是日久生情。

喜欢是有条件的，倾向性很明确。比如你会喜欢带有腹肌的男孩，但如果他没有肌肉，你就不喜欢他了。

你会喜欢长相帅气的男生，但他只是长相帅气而毫无内涵，你就不会和他往来了。

你会喜欢多金有魅力的男生，但他若是有你无法容忍的小毛病，或许你也就会离他而去了。

喜欢一个人，是雾里看花、镜中看月，隔着一些距离去看，微微有些朦胧美感。一旦距离过近，便会发现缺点，而发现缺点之后，便不再喜欢。

但爱一个人不同，你爱上他之后，便会爱上他的一切，包括他的缺点。

爱一个人，是深入了解之后的喜欢，看过了他的荣华、经历过他的失意依然喜欢他。了解得越多，两颗心越近。

就像电影《北京遇上西雅图》中的文佳佳和Frank。刚开始文佳佳嘲笑Frank木讷老实，不懂得女人的浪漫，而Frank

觉得文佳佳爱慕虚荣，浑身充满了铜臭味。

然而这两个相互看不惯的人，却在了解彼此之后，爱得无法自拔。

《金粉世家》中，金燕西对冷清秋一见钟情，却又在两人结婚相处的过程中，埋怨冷清秋不懂公子多情。

涂磊曾说：

喜欢可以心动，而爱一定会心痛；喜欢可以舍得，但爱一定舍不得；

喜欢一个人，冬天不过是冬天，不过是漂亮一点而已；但是爱一个人，冬天可以变成春天；

爱一个人，她落泪你就会跟着她一起落泪；而喜欢一个人，她落泪你只不过是安慰。

喜欢是可以变成爱的，但如果爱了就说不出喜欢；喜欢是不排他的，而爱一定是排他的，唯一的。

03

喜欢是花开堪折直须折，莫待无花空折枝
爱是晨兴理荒秽，戴月荷锄归

喜欢是占有，爱是付出。

安东尼在《这些都是你给我的爱》一书中写道：

爱和喜欢是同义词么？不过，爱一朵花就为她浇水。喜欢一朵花就把她摘下来。

喜欢和讨厌是反义词么？喜欢一朵花就把她摘下来。讨厌一朵花也会把她摘下来。

喜欢是看到娇艳欲滴的鲜花想要据为己有，而爱则是为它浇灌，为它施肥，只问耕耘，不问收获。

爱一个人，是会付诸行动地呵护你、爱护你。不求是否能够在一起，只要你开心，快乐，我什么都愿意。

而喜欢一个人，往往意味着占有。

喜欢一个人时，我对你付出一分的好，便想要收获三分的爱，我若是付出三分的好，而你却还没喜欢我，我就不会继续付出了。

喜欢一个人，什么都不会为你做，只会说“我喜欢你”，再加上一句“喜欢你是我的自由，你喜不喜欢我没关系”。表现得如同“我喜欢你，你应该感到幸运”一般。

而爱一个人，除了没有把“喜欢你”说出口，其他的都做了。

喜欢是一定要拥有，爱是他幸福就好。

喜欢是一阵龙卷风，而爱是细水长流。

喜欢不一定是爱，但爱一定是喜欢。

喜欢和爱，看似距离很近，其实遥不相及。

让人"上瘾"的聪明女人，都有这3个特征

傍晚时接到安佳的电话，她哭哭啼啼地说："我和他再也没有以后了。我既没有变成他喜欢的样子，又丢了自己原有的样子，真的是输了个彻底，还丢了他……"

道出了无尽的心酸，听得让人心疼。其实很多姑娘都会在爱情中迷失了自己。

无条件对他好，做什么事情都考虑他的感受；沉沦在甜蜜爱情中无法自拔，自己身上的棱角被磨得越来越光滑；开始喜欢对方的品位，喜欢对方喜欢的食物、音乐……最后被伤得遍体鳞伤，曾经期待的美好变成了刺痛的回忆。

爱情似乎变得极其奢侈，可遇而不可求。格姐很是怀念《从前慢》里面经典的那句："从前的日色变得慢，车，马，邮件都慢，一生只够爱一个人。"

想起杨绛先生在《我们仨》里写道："1997 年早春，阿瑗去世。1998 年岁末，钟书去世。我们三人就此失散了。现在，只剩下我一个。"

每每读到，格姐还是会湿了眼眶，歆羡着这样白头偕老从一而终的爱情。

可现实却是残忍的，有些人走着走着就走散了。那么，如何才能拥有幸福持久的爱情呢？

01

不轻信男人的承诺

有人说，在这个世间有三样东西不能轻易相信：男人的承诺、男人的感情及男人的理由。

这似有几分道理。那些信誓旦旦的承诺，说出口的那刻是真的，但在时间面前都显得无比苍白，许多诺言在现实面前根本就不堪一击。

我们都想要牵了手就能过一生的爱情，却活在一个上了床也没有结果的年代。

那么有爱情吗？

回答是肯定的。

但姑娘们，得擦亮眼睛看清楚，对方会用花言巧语来哄骗你，他们会打着爱你疼你旗号，让你误以为遇见的是真命天子。

网上不是特别流行那句话吗："别说爱我了，其实你什么都没做。"

是啊，爱你不是说说而已，爱情需要的不是语言，而是行动和经营——在生活的点滴小事中，在一饭一蔬的日子里，这些都比那风花雪月，月下誓言更为令人感动。

只是停留在嘴上，从来没有付出过任何行动的男人，到底拿什么说爱呢?

郑海潮说："如果一个人说喜欢你，请等到他对你百般照顾时再相信；如果他答应带你去某个地方，等他订好机票再开心；如果他说要娶你，等他买好戒指跪在你面前再感动。感情不是说说而已。"

也如同金星说的："等我女儿长大了，我会告诉她一个男人心疼你挤公交，埋怨你不按时吃饭，一直提醒你少喝酒伤身体，阴雨天嘱咐你下班回家注意安全，生病时发搞笑短信哄你，请不要理他。然后跟那个可以开车送你、生病陪你、吃饭带你、下班接你、跟你说'什么破工作别干了，跟我回家'的人在一起。我们都过了'耳听爱情'的年纪。"

02

懂得控制情绪

两个人相处，有甜蜜温馨的时候，也会有剑拔弩张的时候。小吵小闹再自然不过，但最怕的是把小问题激烈化。

都说女人心海底针，很多男人，压根猜不透女人在想什么。女人自己生气得不行，可男人或许都不知道你在生闷气。

所以，遇到问题的时候需要及时沟通，主动告诉对方自己的不满，这才是聪明女人该做的。

而不是把问题憋在心里，一点点小事的堆积。坏情绪就像传染病一样，会传染到周围的每一个人身上，使得氛围都是低沉沉的，最后造成不满情绪的急剧爆发，后果不堪设想。

当然，聪明的女人更懂得控制与排解自己的情绪。凡事不斤斤计较，也不往心里去，两个人相处起来也会轻松很多。

之前看过一个故事，有一对夫妻出现了沟通障碍，一次丈夫在厨房炒菜的时候，妻子在他旁边，唠叨不停："慢点，火大了，放盐，放多了！"丈夫被烦得不行，脱口而出："我知道怎么做菜！不用你指手画脚的。"

妻子平静地回答道："我知道你知道，我只是想让你体验一下，我开车时，你在旁边指手画脚，我感受如何……"

巧妙的一句话，就让丈夫理解了自己的问题。

所以靠吵架，靠冷战来解决问题，只会把你们的爱情一点一点推入冰窖，当爱情结冰的时候，也是你们的关系分崩离析的时候。

03

用自己的魅力吸引男人

就像文章开头说的一样，很多女人坠入爱河后，就会把对方当作是自己的全世界一样对待，不管是心里还是眼里都是对方。

男人喜欢长发飘飘的感觉，你就乖乖地留起长头发；男人喜欢包臀裙、高跟鞋，你就乖乖地把运动装放入衣橱；男人喜欢吃刺身生蚝，你就乖乖地不再吃最爱的火锅……

有人说，人通常不会珍惜三种人：一种是不会离开的；一种是轻易得到的；另外一种就是那个一直对你好的。

因为在乎对方、爱对方，所以愿意去奉献自己的一切。你觉得只要他开心就好，但是傻姑娘，你知道吗，有时候爱得越卑微越会失去爱。

你会变得越来越小心翼翼，越来越惶恐不安。焦虑、猜疑席卷而来，曾经一点点的甜蜜也化作了质疑、争吵、躲闪。

聪明的女人从不做爱情里的“傻白甜”，她们会展现自己独有的魅力；有的是温婉如春；有的是烂漫如夏；有的像秋的成熟丰韵；有的是冬的冷峻高贵，但最重要的一点是她们无论外在如何，内在都是自信优雅的。

对于这样的女人来说，爱情是锦上添花，因为即使是一个人，她也可以把日子经营得充实而丰盛。她们敢爱敢恨，不卑不亢，懂得主宰自己的命运，将女人的美与睿智、机敏与体贴表现得淋漓尽致。

你说这样的女人，男人怎么会不心动呢？

04

格姐想分享一段寇乃馨的话，希望你们有所感悟：

女人应该要磨练的，不是智商成绩，而是情商手腕。

女人的聪明应该要聪明得不吓人、不张扬，不是伶牙俐齿、咄咄逼人，当然也不是男人会做的事，我们都要抢着干，还非要干得比男人好。

聪明的女人要能进能退，能刚能柔，该争取的时候争取，该撒娇的时候，要千娇百媚。

一旦赢得漂亮了，还要记得留面子给男人，免得他们太伤心。

如果一个女人聪明到把男人吓跑了，或聪明到人家都防着你，那我只能说你还不够聪明。

格姐希望你们都能做一个聪明睿智的女人，牢牢抓住属于自己的幸福。

愿你的爱情是棋逢对手，是势均力敌，是长久牢固，是白首不相离。

“对你好”的男人才不能要

之前有个求婚视频火了，一位富二代小伙开着跑车在广场门口向一个女孩求婚：“你喜欢的车我都买来了送给你。”

可小伙意外地被这姑娘拒绝了，小伙十分不解地说：“我有钱！我想要买多少辆这样的车都可以，你想要什么我都可以买给你！”

女孩用力挣脱了男子，愤然离开的时候大吼了一句：“有钱了不起啊！”

这个被当众拒绝的男子恼羞成怒，竟然将求婚现场怒砸了一遍，还把摆在广场周围的促销展柜掀翻，这一举动让无数人唏嘘。

或许男子觉得挺委屈的：我对你好，给你买跑车了，你想要的一切都可以给你，为什么还不和我在一起呢？

其实这位姑娘的话挺值得回味的。

我以为的“对你好”，有时候并不是对方想要的。

总有些声音说女生有多现实、有多物质，但确有太多的姑娘并不世俗。在金钱与爱情中，坚定地选择爱情，因为她们有足够的底气去追求内心向往的纯粹的爱情。

记得三毛在散文《大胡子与我》中有这一段场景描述——

荷西：你是不是一定要嫁个有钱人。

三毛：看得不顺眼的话，千万富翁也不嫁；看得中意，亿万富翁也嫁。

荷西：说来说去你还是要嫁有钱人。

三毛：也有例外的时候。

荷西：如果跟我呢？

三毛：那只要吃得饱的钱。

荷西思索了一下：你吃得多吗？

三毛十分小心地回答：不多，不多，以后还可以少吃点。

很歆羡他们这样炙热的爱情，无论贫穷富贵，只要是你就好。但不是每个人都如此的幸运，可以遇见那个懂得珍惜自己的“荷西”。

“刷”朋友圈的时候，看到兰兰的一条动态：“我在你最穷最困难的时候陪着你，我希望你以后有钱了，在我最丑最需要的时候陪着我。”

在这世界上有无数种等待，我想最美的那一种叫作来日可期，多年后，我还是只想和你在一起。但兰兰的话语中透着卑微，让我忍不住心疼。

有很多女生觉得我不需要他多有钱，不在乎他有多帅，只需要他对我好就可以了。

我们也常常听到：“找个对你好的就行了，结婚就是过日子嘛！”

或是：“你为什么嫁给他——他对我好呀，我想没有比他对我还好的人了吧。”

99% 的姑娘会掉入“对我好”这样的误区中，但真的是只要对你好就足够了吗？

对你好的确十分重要，但不仅仅只有对你好这一项。如果他对你的好，只是流于表面，他会哄你，会给你买各种东西，能给你制造浪漫，这就是好吗？

一个男生对你好，只能说你对他有足够的吸引力，而且他在追求的时候对你好是很正常的，但这点好，会随着时间慢慢消退，等到它和新鲜感所剩无几的时候，会比一无所有还悲哀，随之而来的矛盾，将会使你痛苦一生。

那什么样的人才值得去相守一生呢？

- **你们一定是相互吸引的。**

你崇拜我像个英雄，我宠爱你像个孩子。

如同钱钟书和杨绛一般。

钱钟书温文尔雅的书生气质、文采斐然的才气，无不让杨绛所爱慕折服。而杨绛的知书达理、清逸温婉的气质，也让清华才子钱钟书怦然心动。

也只有三观一致，彼此倾慕欣赏的人，才更有机会走到最后。金星也曾在节目里说，只要女人崇拜自己的先生，那他们的日子一定会很好过。

- **你们三观相合，相处不累。**

记得《饮食男女》中就说到，真正的爱情，是跟一个关心你的人在一起，这个人可以让你表达内心的感受，在他身边，你也可以自由自在地谈论任何事情。

是啊，你和他在一起是一个很放松很自在的状态，你们三观是一致的，相处不会觉得疲惫不堪，他会是你的避风港湾。

但如果你发现在他身上有你很难接受的部分，比如某个坏习惯，或者三观不符，而你没办法改变这样的情况，每次都要通过压抑自己忍受来拖延，就不要考虑在一起了，男人永远不会被你改变的。

- **懂你的好，心疼你的不易。**

爱情里最美的姿态，莫过于你懂我的低头不语，我爱你的深沉灵魂。

这也是我们最理想的样子，但常常要面临的却是生活一地的鸡毛、难过、悲伤的情愫充斥着我们。

但你要记得，那个他是有担当有责任感的，是可以为你撑起一片天的，他会心疼你，呵护你，在任何风雨来袭的时候都有一个温暖的怀抱。

真正要和你共度余生的人，必是始于吸引，合于性情，久于三观。

记得有读者问我："格姐你相信爱情吗？如果可以选择，你是要爱情还是要面包？"

如果可以的话，我当然贪心地都想要呀。但爱情也好，婚姻也罢，哪有这么多如意。现实总是如此残酷，摆在我们面前的是一道难以抉择的选择题："面包"还是"爱情"？

那换做是你们会怎么选呢？按照马斯洛的五大需求理论，当吃饱穿暖等生理需求得到满足后，人就会有更高层次的需求。开始需要安全、情感和归属，需要被尊重，在最后到自我实现，从物质到精神，层层递进。

所以说，自我实现才是深层次的需求。比谈恋爱结婚更重要的是先挣钱，当你有钱的时候，你的生活层次提高了，见的世面多了视野更开阔，你就有更多的可能性，可以遇到更优秀的男人，有时候钱比男人更能让你有安全感。

当你有能力为自己买房买车，你也不会被一个男人送的包包高兴得神魂颠倒，忘记了自己想要的爱情是怎样的。

因为坐再贵的豪车，也比不上自己手握方向盘来得踏实。

因为住再大的豪宅，也比不上自己温暖的小窝来得舒心。

只有当你认真对待自己的生活自己的情感，不卑不亢、不慌不忙，才能站在岁月的锋芒里，精致地活着。

女人有魅力才有未来，女人有财务独立的能力才会活得精彩。

亲爱的读者们，不要把爱自己的权力交到别人手上了，自己要学会爱自己。

愿你的生活里充满阳光，明媚而不忧伤，愿你过的生活，会是你自己喜欢的模样。

男人真正爱上一个人的10大特征

三毛曾说：这世上掩盖不住的除了喷嚏、贫穷，便是爱。

当男人真正爱上一个人时，是无论如何都掩盖不住的。他会不自觉地做一些连他都觉得可笑的小事，但恰恰是这些傻事，证明着他无时无刻不在爱你。

01

故意惹你生气

年少轻狂时，总是觉得真正的喜欢一个人应该是无时无刻地照顾她、呵护她。或许是受韩剧的影响，总觉得这样的才是真正的感情。

然而当一个男人真正爱上你时，相比于暖心他会首先惹你生气，对你做一些无聊的恶作剧。很多女生以为这是男生讨厌她的象征，继而伤心，与之绝离。

但其实是因为年轻时的男人不懂得如何爱你，他只想着靠近你，引起你的注意。

所以他们总是装作讨厌你的模样，对你做一些令人匪夷的事情。可若是你细细观察，总能发现爱的痕迹。

02

晚上找你聊天

很喜欢一句话：我不喜欢白天，因为白天的一切都是乱糟糟的。看不清这个世界，也看不清自己。

唯有晚上当夜幕降临时，看似什么都看不清，却最能看清自己。

所以，当一个男生真正爱上一个人时，一定会在晚上找你聊天。或是说些悄悄话，或是聊聊日常生活，或是什么都不说，静静地听着彼此的心跳。

总而言之，若有人肯每天夜晚找你聊天，那个人一定非常喜欢你。

03

和你看同样的电影、同样的书

若是你在朋友圈里发了关于看了一本书或者看了一部电影的动态，没过几天有人告诉你他也恰好最近读了这本书的话，那么他一定在关注你。

俗话说：爱一个人最高的境界是爱一个人的思想。而你的思想正是通过读了什么书、看过什么风景、见过什么人来决定。

他肯和你看同样的书，看同样的风景，说明他正想方设法地靠近你，了解你。

04

经常会偶遇你

朋友告诉过我，他当初追一个女生时，一天最多同时偶遇了十几次，女生上课能够看到他，去食堂吃饭能够遇到他，就连晚上去跑步都能偶遇好几次。

女生总以为是缘分，但其实是男生想尽一切办法靠近。

世界上没有那么多的巧合，如果有，只能说有一方正想办法靠近你。

真正爱你的人不会放过任何靠近你的机会，只要有你出现的场合，他也会有意无意地靠近，制造偶遇的机会。

05

朋友圈动态增多

男人的心理很微妙，暗恋一个人时，既怕表现得太明显而吓坏对方，又怕说得不够清楚而错过了对方。两相纠结之下，男人大多会在朋友圈里或多或少的暗示。

若是一个男生以前很少发朋友圈，但认识你之后朋友圈动态明显增多，那说明这个男生一定是陷入暗恋之中。

心理学家指出：当人们陷入爱情之中时会不由自主地向对方展示自己，就像孔雀开屏一样，让对方注意到自己。

06

分享他的照片给你

若是一个男生肯把自己的照片尤其是童年的照片分享给你，那说明你在他心中一定是非常重要的人。

很多男人其实对女人没那么多耐心，若是只和你是普通朋友，即使你们聊得再投机，他也很少分享自己的照片给你。

照片代表着他的过往，里面封存着他年少时的记忆，若是一个男生肯对你分享他的过往，其潜台词就是在向你展示他自己，也在暗示你：希望以后的故事中有你。

07

为你保持理性

有人问：喜欢一个人和爱上一个人有什么区别？

知乎上有一个高票回答是：喜欢会为她冲动，而爱一个人会为她保持理性。

若是有男生用鲜花蜡烛在广场中央向你表白，那他肯定没那么爱你。

因为爱你的男生会明白这种方式会让你为难，而真正爱你的人不想让你为难，所以他会选择低调行事。

若是有男生向你表白时告诉你若是你不同意，就跪到你同意，那他一定是只爱自己。

因为他只爱自己，所以做事从不考虑你的感受，只顾自己目的。

当一个男人真正爱上你时，他一定会保持最起码的理性，给予你最起码的尊重。

08

会低头

陈小春曾说：“吵架不是为了分输赢的，大不了我就把耳朵关起来不听，最后去哄她就好了，反正无论她做什么我都没想过要离婚的，那就让她赢好了。”

都说，男人的愿意服输才是赢，但愿意向你服软的男人才是真的爱你。

有人会觉得那种对老婆服软的男人很没用。

但真正相处起来才知道，会低头的男人不是没个性，也不是没脾气，而是他在喜欢的人面前，甘愿低头，那是因为爱。

他不在乎输赢，更在乎你的感受。

09

会带你见好友

男人嘴上或许不说，但心里把“走心”还是“走肾”的女人分得很清楚。

“走肾”或许嘴上说得很好听，行动起来也很浪漫，但你一旦提及去见他的朋友，他就会顾左右而言他。

对你走心的男人或许说话没有那么浪漫，但他早已迫不及待地带你去见他的朋友，向自己的朋友宣布你们的关系。

10
与其他异性保持距离

复旦大学教授陈果曾问过身边一位男士一个问题：假如有一个非常漂亮的女孩坐在你大腿上，你会心动吗？

陈果分析说：若是男人说不心动，那一定是骗人；如果男人心动，则说明内心缺乏责任感。这是一道两难题，她就是想看一下这位朋友口中的好男人该怎么回答这个问题。

那位男生说："这是个好问题，但我一定不会给别的女生坐我腿上的机会。"

男人若是真的爱上一个女人后，做事便会不由自主地考虑这件事对另一半的感受，他会敏锐地察觉到你内心的不悦，会严格地保持与其他异性的距离。

这不仅是对你的爱，也是对你的承诺。

这 10 条特征，你的那个他有吗？

爱情和婚姻的距离，到底有多远

01

爱情是风花雪月，婚姻是柴米油盐

爱情是罗曼蒂克，是浪漫，是甜蜜，而婚姻则是生活，掺杂着油烟味。

恋爱时，两个人可以天天吃烛光晚餐，数萤火虫，怎么开心怎么玩。但婚后的生活是柴米油盐酱醋茶，没有一样是可以不劳而获的。

爱情是唯美的，不用考虑世俗，也不必考虑未来，只要和他相处得开心，就是最好的证明。

然而爱情也是残缺的，它虚无缥缈，来得快，去得也快。在你还没理解爱情究竟是什么时，它就已经消逝不见。

婚姻是对爱情的弥补，是爱情最终的答案。关于婚姻是什么，谁也搞不清，但你有一辈子时间去思考。

爱情无缘由，无征兆，也不问年龄和出身。而婚姻则是世俗的，在两人结合时，会下意识地横向比较他是否有能力来支撑未来的家庭。

周国平在《守望的距离》中说：

什么是爱情呢？爱情是两颗心灵之间不断互相追求和吸引的过程，这个过程不应该因为结婚而终结。

求爱，爱即寓于追求之中，一旦停止追求，爱必随之消亡。

什么是婚姻呢？好的婚姻则应当使爱情始终保持未完成的态势。

也就是说，相爱双方之间始终保持着必要的距离和张力，各方都把对方看作独立的个人，因而对方是一个永远需要重新追求的对象，绝不可能一劳永逸地加以占有。

在此态势中，彼此才能不断重新发现和欣赏，而非互相束缚和厌倦，爱情才能获得继续生长的空间。

02

爱情是两个人的事
婚姻是两个家庭的事

爱情和婚姻是完全不相同的，恋爱是两个人的融合，婚姻是两个家庭的融合。

恋爱时，女人只需要对男人一个人温柔。

而结婚后，女人要生儿育女，赡养老人，要学会处理家庭琐事，人际交往；男人则要献身事业，挣钱养家。婚姻所承担的责任更多、更重。

恋爱时，你喜欢一个人，就是喜欢他自身的优缺点，但当你嫁给一个人时，就等于嫁给他所有社会关系的综合。因为人既是独立的个体，又有其社会属性。

当两个人陷入爱情时，你会和他一起反抗世界，任何人反对你们都不行。

但当步入婚姻后你会发现，当初大风大浪都拆不散的你们，却被生活轻易打败了。

电视剧《离婚前规则》中，王明轩和蒋新瑶大学毕业后，因为爱情不顾家里反对，跨越千险万难终于让父母同意他们的婚事。

可婚姻不是生活的终点，两人结婚后才发现婚姻生活并不只有浪漫，还有无数的磕磕绊绊，继而发生争吵，甚至离婚。

恋爱时，爱的是一个人的优点，是他性格的阳光面。而在婚姻里，面对的则是他不为人所知的坏习惯以及小毛病。

这些小习惯、小毛病虽不致命，但却像压垮骆驼的最后一根稻草，积累够了失望之后，便会压塌。

很多女人看多了婚姻的真相会感叹：婚姻是爱情的坟墓。但其实并不是婚姻做错了，而是太多人没有在婚前认清婚姻的真面目。

爱情可以只跟喜欢的人做喜欢的事情，但婚姻却不可以。因为婚姻就是生活，既然是生活，那就免不了烦恼。

03

爱情很丰满，婚姻却很骨感

恋爱像理想一样丰满，婚姻却像现实一样的骨感。

蔡澜曾在知乎上回答过一个问题，他说：

很多年轻人问我，爱情是怎么一回事？我自己不懂，只有借用哲学家柏拉图的答案了。

柏拉图说：“爱情就是你要在一片向前走且不能回头麦田

里找一朵最金黄的麦穗。因为只能摘一次，又不能回头，所以你每次遇到最金黄的麦穗时，都会想：前面一定会有更好的。”

于是，你一棵也摘不到。

而婚姻则是在找最高大最茂密的树的途中，找到了一颗普普通通的树。

因为有了上次的经验，所以当你再看到一棵树时，觉得不是太差，就会把它砍下带回来，免得错过。

所以，**爱情是追求更好的，婚姻则是不想错过。**

童话故事里，所有结尾都是：从此王子和公主幸福地生活在一起。这是因为人们明白，婚姻并不是幸福的开始，而是真实生活的源头。

爱情是笔糊涂账，婚姻是个放大镜。在爱情中，任何大事都可能被荷尔蒙软化，而在婚姻中，任何小事都可能被厌倦恶化。

04

爱情到婚姻的距离，到底有多远

曾经觉得爱情是花前月下，卿卿我我。如今才明白，真正的爱情就是在生活中找一个可以与自己一起吃饭的人。

他不嫌弃你容颜的瑕疵，你不嫌弃他睡觉的鼾声。你们就这样静静地在时光的海湾里一起慢慢变老，虽然有时争吵但事后都能重归于好。

年少时渴望浪漫，年长时喜好平凡。而这就是爱情到婚姻真正的距离。

有人说：爱情需要激情，婚姻需要理性。爱情可以很短，但婚姻却需要维持一辈子。

爱情可以当饭吃，婚姻需要有饭吃。恋爱时有情饮水饱，结婚后却要为生计奔波。

爱情是追求曾经拥有，婚姻是追求天长地久。爱情不求天长地久，唯愿此刻相守。而婚姻则是一生一世一双人。

爱情不分阶级，不分年龄，而婚姻则要门当户对。王子会爱上灰姑娘，却总是娶了公主。

爱情是艺术，婚姻是技术。爱情可以浪漫，可以惊喜，而婚姻则需要相处的技术。

爱情是婚姻的起点，是维系婚姻的重要因素，而婚姻中的爱情则占比很少。

两个人走进爱情很容易，但步入婚姻却很难。

爱情到婚姻的距离，就是两人从爱人走到亲人的距离。

PART 4
你的“言”值，决定气质

—— 人与人之间最舒服的状态，是不必讨好。——

最舒服的关系，是不必讨好

小 G 变了。

前阵子见面，过往最爱闹腾，把聚餐气氛调动得最热闹的她，一开始居然沉默端庄地坐在角落里许久。

直到后来被我们像往常一样“挑逗”着开了不少玩笑，她才终于卸下一身伪装，找回那个轻松自在的自己融入我们。

她不好意思地解释说，在公司习惯了严肃和沉默，所以都有点找不到自己了。

刚进公司的时候，小 G 想用爽朗的性格和同事们打交道。本以为这样子能像过去一样交到很多好朋友。

但并没有，公司同事们不仅不受这一套，还用冷漠回应。

渐渐地，小 G 觉得严肃正经地相处是办公室常态，为了融入公司的圈子中，她也开始学习保持沉默，埋头工作。

看到有趣的事情不再和身边的人分享；疑惑和不解尽可能自己想办法消化；即使看到对方大喜或者大悲，都不会去关心和询问……

那个真实的自己，被她方方正正地折叠好，放在别人看不到的地方。

然而最后，小 G 不仅依旧没有融入其中，反倒变得更加不自在了。

过去小 G 很羡慕在人际交往上游刃有余的依依，不管面对谁，都能轻松自在地沟通。但现在换位思考，光打理一个圈子就已经够精疲力竭了。难以想象同时在好几个圈子里打转的依依，该有多么折腾。

看似人缘好，被大家簇拥着喜爱的依依，暗地里的无奈和疲倦只有自己知道。

席慕蓉老师写过这样一段戳心的话语：

在一回首间，才忽然发现，原来，我一生的种种努力，不过只是为了要使周遭的人都对我满意而已。

为了要博得他人的称许与微笑，我战战兢兢地将自己套入所有的模式、所有的桎梏。

走到中途，才忽然发现，我只剩下一副模糊的面目，和一条不能回头的路。

迎合所有人，变成大家喜欢的样子，却丢了最最真实自在的自己，并不见得划得来。

我们总以为只要让自己融入某个圈子，身边有人相伴，自然而然就会快乐。开心的源泉，皆来自于他人。

但讨好世上所有人，其实都不及讨好自己一人来得开心。

就像《香蕉哲学》里说那段话一样：

所有的爱、人际关系、工作，都应该是放松的。你试图去讨好的、迷恋的，都不是最真实的，都缺乏实质意义。

而更重要的是，他们终有一天会厌倦你的讨好，那时你就会白费所有功夫。

只有一个人适合你一辈子去讨好，那个人，就是你自己。

然而大多数人，往往最容易忘记把自己放在心上。目之所及，心之所想，皆是他人。

毕竟谁不想累的时候有人扶，倦的时候有人拍拍肩膀，难过的时候有人陪在身边呢？

但换来对方心意的前提，绝不是退缩或是自降身价。**卑微的面貌换来的，也只会是卑微的地位。**

靠讨好吸引而来的人，看到的是层层包装掩饰下的你。

那样得来的欣赏和喜欢，掺杂着许多取悦的因素，那是一个美好的幻影，脆弱到一靠近、一触碰便碎。

涂磊曾说：**踮起脚尖爱一个人，是很不现实的。**

只敢站在远处观望少年的女孩，最后只能看着他走向别处；为了让好友开心，一切迁就于他而隐藏自己的真实情绪，最后被他抛弃。

踮起脚尖的爱太过渺小和卑微，会让人产生负罪感，即使知道心意，也避之不及。

想得到对方的回应，其实不必低头到尘埃里，大可做最最真实的自己。因为关系的确认，都来自最真实的双方的相互吸引。

你们可以因为矛盾而争吵，遇到开心的事情时就放开喉咙大喊大叫，美好或是不堪，都在对方面前展露无遗。

有句话不是这样说吗：“因为看见你的好而靠近，没什么值得感激的；看见你的好和坏，依旧愿意走向你，这种人才最最值得珍惜。”

竭尽全力，不惜退让千百回而去维系的感情，就算曾如愿得到过，也只是昙花一现。

它脆弱，它经不起推敲，它难以抵抗新鲜到来后要被泯灭的结局。

作家詹迪•尼尔森说：“最适合的伴侣，就好像走进一座你曾经住过的房子里——你认识那些家具，认识墙上的画，架上的书，抽屉里的东西。如果在这个房子里你陷入黑暗，你也仍然能够自如地四处行走。”

人与人之间最舒服的状态，是不必讨好。

你是你，我依旧是我，我们是 1+1=2，而不是 1+1=1。

我们是彼此获得、融合，把眼前的世界变得更大，并非两个空间在一起后，反而变得狭隘了。

在我们共同创造的这段关系空间里，是开心，是畅快，是舒服自在。

说出口的话语不是字字斟酌的标准客套，心意无须拐个山路十八弯后又回到最初。

那些相互猜疑、试探，退让及压抑，不快及疲惫不堪，通通烟消云散。

需要费力去维持的感情，并不会因为你的顾虑周全、细心呵护而坚不可摧，相反的，这种感情因为从不识风雨，所以脆弱不堪。

不必讨好的关系，难成，却格外珍贵。

你们兴趣相投，三观一致，可以谈笑风生，也可以号啕大哭。你们之间的关系是循序渐进、水到渠成的，彼此没有按下讨好的快捷键，也不会按到幻影破灭的快退键。

当然，你会因此错失一些圈子，错过一群人，但每个来到你身边的人，给予你的一定是长长久久的陪伴。

最后，愿你早点能和这样的人相遇、相知。

宁可抱憾，绝不将就

朋友发动态：“会因不得不拒绝别人而愧疚，有问题也不会问，有冲突会很不安，特别怕自己给别人添麻烦。怎么办，开始不喜欢这样的自己。”

初看有点心疼，再看这说的不就是自己?

希望周边的一切都是和谐的氛围，希望所有人都喜欢自己，甚至渴望自己能成为别人的依靠，可以独当一面，面面俱到。

人生漫漫，人和人之间的关系最难两全，所有的不适和为难的背后都有你不自知的讨好和委屈。宁可孤独，切莫违心，宁可抱憾，绝不将就。

01
不是想讨好，享受被需要

有人说："谁还不是为了不被别人讨厌而拼命地活着。"

每个人都在不自知地讨好别人、委屈自己，只是你从来没看清过那些举措后的内心变化以下列出来的种种迹象，几乎无人幸免：

1. 对他人说"不"，自己会感觉身体不舒服

2. 习惯说"对不起"

3. 冲突会"吓死"自己

4. 容易过度自我解释

5. 容易接受所有邀请

6. 拼命努力，证明自己

7. 选不出就餐地点

8. 很可能有问题也不会问

9. 偷偷地想成为可以被所有人依靠的人

这9点里，细看一遍，又有谁无此困扰？我们常是这般为难自己，暗自努力，缄口沉默，恐惧冲突。只想所有人都好，我尚有用，被人需要。

想起郭冬临曾演过的《有事你说话》的小品，种种细节，

刻画真切，无奈又警醒。

郭冬临在小品中一出场就是一段自述，描述了他承诺帮忙抢票，通宵排队没抢到、最后倒贴200，却倍感自豪。

“有事你说话”成了他的口头禅，于旁人，没有他办不成的事；于自己，他怕别人失望，宁可自己吃亏。

有时候想想，所有帮忙和应诺的背后都是什么？

是对他人突如其来信任的感恩，是一种内在虚无的填充；宁愿有所牺牲，也渴望被认可，是不自信，是感情的缺失，是一种示好。

每个人都希望多一些人站在自己的身边，陪你、帮你、懂你。哪怕什么都不做，独独是被需要这个点，也会让自己的内心暖上许久。

02

你好便好，我不重要

好友曾和我说：“每次和别人有冲突的时候，我都会和自己默念几句：都是我的错，**你们好便好，我不重要。**”

这样之后，她便不会怨、不会生气，别人也会消气。

听来只觉心疼，明明都是生活，何必这般为难和委屈自己？

有一期《奇葩说》里蒋方舟来做分享，提到了自己的性格。

她说曾经的自己，不会表达自己，不会愤怒，不懂拒绝。她说：“以前，即使在亲密关系里，自己都刻意展示自己美好的一面，避免冲突，因为怕别人不高兴。”

直到和朋友闲聊，对方问道：“你有过真实的关系吗？”

她才得以醒悟，什么叫真实的关系：你敢于真实地表达自己的情绪，不怕有冲突。

慢慢地发现，我们很多人都没有过真实的关系。忍着，避着，仿佛真的认可“只要别人都好，我就会好”这样的道理。

记得一次演唱会上，蔡依林在唱《我》时讲了很多，讲自己被“黑”的那段时间，讲自我怀疑，纠结是迎合大众做她们眼里喜欢的那个 Jolin，还是做自己。

她渐渐地发现，无论她怎么做，不喜欢她的人和喜欢她的一样多，所以她送了自己那首歌《我》：

哪个我是真，哪个我是假，我用别人的爱定义存在，怕生命空白，却忘了该不该，让梦掩盖。

谁还不是第一次活？开心了便笑，难过了便哭。最真实都做不到，如何觅得那许多的知心人？

爱情如此，友情亦是，李碧华的《只是蝴蝶不愿意》里讲：

若他在乎你，不必讨好，不在乎，更加不必。

只有宠得了自己，别人才会来心疼你。

03

你越讨好，身心就越累

日本作家太宰治在小说《人间失格》里说：

我的不幸，恰恰在于我缺乏拒绝的能力，我害怕一旦拒绝别人，便会在彼此心里留下永远无法愈合的裂痕。

越懂事、越敏感的人，活得越累。迟早有一天你会发现，你对别人的好，就像吃进去的糖，吃过便忘了。而你的原则性，你的敢于反抗，倒成了保护自己的铠甲。

草根达人刘同曾在大学的演讲会上分享过一个老好人的故事，我深有感触。

一家公司里，有个老好人叫小张，对谁都好，也很乐于帮忙。直到有次投票晋升，小张和另一个人 PK, 竞争的人是公司公认的不好对付的固执之徒，其能力和小张相当。就在小张以为自己肯定是众望所归的时候，却落了选。

新人敏敏不解，问道："我看小张平时人缘很好，和谁都好，业绩和能力都不错，为什么大家没投他？"

同事这样回答："就是小张人太好，所以你不投、他也不会怪你，另外一个人就不行了，他很不好说话，不能得罪。"

你看，这便是和所有人都好的结果，因为你人好，所以不用担心得罪你。

鲁迅说："从来如此，便是对吗？"我想说，和谁都好，便是好吗？

众口难调，和谁都好的真相就是没有人和你是真的好。

志同道合不无道理，哪里会有你都喜欢的人，又怎么能被所有人喜欢。

人啊，都是越讨好，关系越累。

何况又哪里有什么永久不变的稳定关系？

不用害怕失去，真实做自己，依然还留在你身边的人，才是你生命中值得珍惜的存在。

看过《重庆森林》无数遍，电影里讲述主角不断地错过，不断地相遇。有人说王家卫的电影最是喜欢描述一个寻，一个等，一个走，一个追的故事，其实生活中人和人的关系可不是如此。

不舒服的人就不相处，不被理解的事也不再多解释，缘来缘去，关系不强求，圈子不强融。

很喜欢电影里的一段台词：

不知道从什么时候开始，在什么东西上面都有个日子，秋刀鱼会过期，肉罐头会过期，连保鲜纸都会过期，我开始怀疑，在这个世界上，还有什么东西是不会过期的？

只想说聚散离合，都有终结，便是那好感、那疯狂的爱、那山盟海誓又如何？讨好自己在前，其他便无须再思、再想，因为终究无解。

从今天起，做个“不好相处”的人

念叨 3 个月后，同事瑶瑶终于把苦恼许久的长发剪掉，换成清爽酷帅的短发。但前一天晚上还高兴地跟我说有多喜欢这个新发型，第二天上班却黑着脸，满满的低气压。

问及原因，她不好意思地说道：“我自己是挺满意的，但担心别人觉得这个发型很奇怪。”

看着她猜测着别人看法畏畏缩缩的模样，不禁感到心酸。

不知道从什么时候开始，我们习惯性做任何事情都先考虑别人的感受。

自己喜欢的，因为别人不经意间的一个眼神、一句话，就退缩；自己想要的，看到别人恳切的目光，便退让；自己渴望的，听到别人的一句否定，就选择放弃。

总以为让别人满意，生活就会变得舒坦一些。但实际上，不断勉强自己“委曲求全”，才是让自己疲惫不堪的原罪。

本来就不存在让所有人喜欢、满意的人，**与其做进退两难的“好相处”的人，倒不如轻松自在地做“不好相处”的自己。**

01

学会拒绝

你有过这样的时刻吗？

明明手头上的工作很忙，同事拜托你帮忙，你看着他焦头烂额的模样狠不下心，于是答应了。

明明“姨妈痛”很难受，朋友邀请一起吃饭，想到时隔许久才难得见一面，便欣然答应了。

明明最近工作繁忙压力很大，男朋友想去看电影，不忍心看到他失落的神情，只好答应了。

本觉得这样“迎合”，能和同事的关系好一些，和朋友的感情会更深厚，男朋友会越来越爱自己。但实际上，从不把拒绝说出口，反而会让对方越来越觉得没必要把你放在心上。

我们之所以难以拒绝别人，是因为觉得拒绝很容易让一段关系降低亲密程度，甚至是变质。

但从不拒绝，才是让一段关系变质的根本原因。

因为习惯当“老好人”的你，会让别人以为谁在你心里都一样，你对全世界都同等好，对方也不敢轻易把你放在值得的位置上。

最后，既让自己疲惫不已，也得不到别人的回应，换来个得不偿失的结局。

大胆表达自己，该拒绝的时候果断拒绝，别担心会让别人不高兴，你没有责任取悦所有人。

02

别太温柔懂事

即使已经谈恋爱6年，和男朋友甚至到了谈婚论嫁的时候，同事琪琪还是“被分手”了。

男方劈腿了，和一个爱闹腾、爱撒娇、爱发脾气的小女生。男方的理由是：因为琪琪实在是太好了，让他深感压力和负担。

恋爱初期，其实琪琪也像正常恋爱中的女生一样，撒娇、爱闹，但自从见过家长，琪琪渐渐开始收敛起自己本来的性子。

为了好好维系这段感情，从不把生气说出口，怕对方觉得她不懂事；发生矛盾时从不直面解决，生怕引发争吵让这段关系被冰冻；意见不合的时候，不想看到对方不高兴的样子，永远是忍让的那一方。

琪琪以为做到懂事、迁就、忍让，两人就能长长久久走下去。

但一段感情能够走远，是一起感受生活的美好，偶尔也让生活的小痛小痒来调剂。

波澜不惊的爱情，最终都会败给平淡无奇。

想让对方感受到你的爱，绝不是要没有底线的体贴谅解。小脾气、小吵小闹，才是爱的正确打开方式。

电影《阿飞正传》里，阿飞对着甘愿付出一切、只想陪他度余生的苏丽珍说：“为什么要迁就我呢？迁就得一时，迁就不了一辈子，你和我在一起是不会快乐的。”

爱是我们看到彼此最最真实样子，感受彼此心底的一切想法，然后长长久久地携手前行。

太过懂事，只会被忽视。

03

不曲意逢迎

韩剧《我的ID是江南美人》里，女二玄秀雅深知大家都喜欢乖巧的、漂亮的、温柔的人，所以她从小开始，即使再不喜欢一个人，也会面带微笑；即使减肥很难受，依旧会用抠吐这种瘦身方式……

表面上，她是人见人爱的校园女神；暗地里，她是住在黑暗房间里没人理会的孤独者。别人和男朋友、闺蜜开心逛街、看电影的假期，她只在家里木讷地看着透过窗户折射进来的微弱的光发呆。

谁都喜欢她，但谁都没有和她真正成为朋友。

看到她时总会想起刘同在《你的孤独，虽败犹荣》写的那句话：

不合群是表面的孤独，合群了才是内心的孤独。

为了交到更多的朋友，变成被喜欢的人而改变原来的自己，最后往往只会适得其反。

朋友都是以真心换真心的，你吸引别人的那个瞬间，也许不是体贴温柔的笑脸，而是一次暴脾气发作时的真性子。

无须假装对不喜欢的社交活动感兴趣；无须为了迎合对方

而不敢提意见；无须强迫自己对讨厌的事物面带微笑。

当你好好做自己，自会有欣然向你靠近的人。你要知道，真实的自己到底有多可爱。

不活在大众包裹下的世界里，才能遇见一个专属于自己的世界。

04

学会不好相处

每个刚接触木子的人，都觉得她高傲、难以靠近。她知道大家都喜欢亲切、热情的人，但她想，那些愿意靠近的人才是值得交的朋友。

所以即使看起来不好相处，她仍固执地保留真实的自己。

真正接触、熟悉以后，真实的木子其实格外活泼开朗、热情可爱。每个和她成为朋友后的人，都惊叹她的美好，为自己交到这样的朋友而高兴。

每个人都是宝藏，有的人为了保护自己，选择镀上一层保护膜，别人无法看到他的珍贵之处，于是略过了。

有的人坚持呈现自己真实的样子，即使一开始可能不那么“入眼”，可大家深知他的珍贵，所以依旧靠近、珍惜。

真正爱你的人，会喜欢你的各种样子。

所以不必勉强自己成为多么讨喜的人，**“不好相处”的真实，会替你找到值得的人**。

一生不长，岁月短暂，为自己而活，才不枉时光。

余生，愿你学会做“不好相处”的人，让自己肆意自在，让生活轻松快乐，无愧仅此一回的一世。

永远记住，带刺的玫瑰会伤人，但无妨大家对它的热烈喜爱。

看似“不好相处”的你，一样珍贵无比。

情商高的女生，都赢在嘴巴上

我年少时读《红楼》，喜欢林妹妹的高洁、才识过人，但最不喜欢的就是王熙凤，因为她俗，因为她贪财贪权。

然而现在再读，却对王熙凤怎么都讨厌不起来。

贾府早已没落，家中男人无一有担当。而且家里的钱款只有出项，没有进项，要不是王熙凤竭力周旋，贾府那么大的银子亏空，真不知要典当多少家当才补得过来。

王熙凤更让我敬佩的一点是，贾府那么多人，仆人满打满算也有上千人，王熙凤却能把每一个人管得服服帖帖。这里面除了作为主子的威严，不得不佩服她的说话之道。

01

“丑话”要说到前面

在《王熙凤协理宁国府一回》里，王熙凤临危受命，协助处理秦可卿的丧事。

王熙凤第一天便召集了所有的仆人，分派任务，末了对下人说道：

既托了我，我就说不得要讨你们嫌了。我可比不得你们奶奶好性儿，由着你们去。

错我半点儿，管不得谁是有脸的，谁是没脸的，一例现清白处治。

“丑话”是指做事之前先把规矩立下，让别人知轻重，知缓急，日后做错了，也好提出相应的惩罚措施。

生活之中最忌惮含糊不清做事，先把条件讲清楚再去做事，看似不近人情，但却能让自己掌握主动权，免去日后的纠纷麻烦。

我一个朋友告诉我，她老板有一次扣了她100元工资，原因是某一天公司开会，她没有穿正装。

但此前公司里从未有过这个规定，只是几天前老板在群里通知了一句：下周一穿正装。

朋友当然很生气，她生气的不是那100元钱，而是没有明文规定，也没有提前告知，全凭老板心情扣钱。这让她觉得这个公司很不正规，于是没多久，她便离职了。

同样是扣钱，如果老板在群里通知的时候能明确告知：下周一穿正装，不穿的人罚100元。

仅仅是加了一句“丑话”，效果完全不一样。

“丑话”说到前面，可以降低朋友的预期性，尤其是在面对别人请求帮忙时。

探春和姐妹们在院中起了一个诗社，请凤姐做句诗开头。凤姐自知文采有限，又耐不住姑娘们的闹腾，便说：

我有了一个，只是俗了点，你们可别见怪。

把“丑话”说到前头，先把最坏的情况说清楚，如果达不到对方的期望，对方可以早些找其他人帮忙，也不至于耽误事。

满口答应下来，自己又做不好，导致对方把全部希望寄托在你身上，而你却没有达到别人的预期。

耽误了别人的事情不说，也会让人埋怨你全力帮忙，造成自己吃力不讨好的结果。

02

说话要体谅他人，也别委屈自己

《红楼梦》中有一回，刘姥姥带着板儿来贾府认亲了，穷亲戚上门，不用问凤姐也知道是借钱。

只是借钱，借与不借是个问题，借多少钱是个问题，如何让借钱的人满意，也是个问题。

凤姐听完了刘姥姥的话，略加思考便说：

外头看着虽是烈烈轰轰的，殊不知大有大的艰难去处，说与人也未必信罢。

这简单地说出了我有我的难处，希望你能体谅，以此降低刘姥姥借钱的期待。

接着又说：

今儿你既老远的来了，又是头一次见我张口，怎好叫你空回去呢。可巧昨儿太太给我的丫头们做衣裳的二十两银子，我还没动呢，你若不嫌少，就暂且先拿了去罢。

说话的艺术就在于，如果对别人有求必应，那么别人就会觉得这是你应该做的，做这件事对你没影响，继而会向你提出更多要求。

王熙凤的说话之道在于先抑后扬，先将你的期待降到最低，接着再提出帮你。既照顾了你的情面，自己也不至于受委屈。

这样就达成了：**帮多帮少都是我对你的情分，少了你别嫌弃。**

对此，刘姥姥果然很满意，因为她先前听凤姐说贾府艰难时，原以为会借不到钱，而最后居然借到了20两，真是喜出望外。

小A曾和我分享过他有一次借别人钱时的故事。

小A的朋友马上要买房了，找他来借10万元，而小A迫于目前经济情况，只想借给他5万元，小A知道如果直接借5万，他朋友非但不会感激自己，反而会埋怨自己不顾多年交情。

于是当天小A拒绝了朋友的请求。

然后过了几天，小A风尘仆仆拿着5万元的现金到朋友家去，对朋友说：我这几天凑了5万元，虽然不多，但我也只能凑出这么多了。

朋友很感动，当天留下小A在自己家吃了一顿饭。

都说借债的是大爷，这是因为自己借给别人钱之后，别人不仅不会对你心存感激，反而觉得你钱这么多，借我一些怎么了。

小A和凤姐却不同，他们在尽力帮助别人的同时，也明确暗示别人，帮你我也很费力，不是你想象的那样轻松。最后让受助者心存感激，而自己也不至于费力不讨好。

03

夸人要夸到点子上

曾经听别人讲过一个故事，有一个男人去朋友家做客，恰巧朋友儿子的女朋友也在，男人便指着朋友儿子说道：这小子像他爸爸，会挑媳妇。

一句话便夸了别人全家。

什么是说话的艺术？我想这就是。在夸奖某一个人的同时，也不冷落在场的其他人。

在《红楼梦》中，王熙凤也曾这样夸过人。

林黛玉初进贾府时，王熙凤便拉着林黛玉对贾母说：

天底下竟有如此标致的人物，今儿个我算是见着了，这通身的气派，竟不像老祖宗的外孙女，倒像个嫡亲的亲孙女了。

众所周知，贾母的亲孙女只有三个，元春，迎春，探春。夸林黛玉像她们姐妹，意思是你漂亮优秀得和我们家的姑娘们一样。

表面上是夸黛玉，实际上连自家姑娘们一起夸了。

还有一回，贾赦想要讨要贾母的丫头鸳鸯当小妾，鸳鸯誓死不从，贾母听到了之后，便指责自己的儿子为老不尊。

而王熙凤却对贾母说：

谁叫老太太会调理人，调理的水葱儿似的，怎么怨得人要！我幸亏是孙子媳妇，若是孙子，我早要了，还等到这会子呢。

一句话，又夸了一屋子人：夸贾母会调理人，夸丫鬟们漂亮水灵，夸太太老爷有爱美之心。

席音曾说：

一个会说话的女人，应该能面对各种难解的场面，就算是为难的拒绝也能说出口，还不会影响别人对自己的态度。

就算是再复杂紧张的场面，也能用幽默的语言妙趣横生地化解矛盾，成为那个万众瞩目的“解铃人”。

真正会说话的人，都很会给别人留面子，说服也好，夸奖也罢，永远都会给对方一个台阶下。

王熙凤就是这样，无论有多么危急的情况，她总是用她三寸之舌巧加周转，扭转气氛，最终成了贾母眼前的红人。

真正会说话的人，从来不会真的卖弄自己的语言，而是每次在遇到问题时，用自己高超的情商和得体的语言去处理一件事，既不让别人抓住把柄，也不至于让自己失了分寸。

这样的说话方式，你学会了吗？

圈子要小，干净就好

之前“张韶涵朋友少的原因”上了热搜，点开一看是她在吐槽大会上的一段演讲。

她说：

很多人觉得，我在圈里朋友特别少，不是我朋友少，是我对朋友的定义不一样，虽然朋友多了，路好走，但我也不需要给我修路的朋友。

在最后，她更是霸气坦言：“我，自己有翅膀。”

“张韶涵”这三个字，好像说出口便成了励志本身。张韶涵一路走来的辛酸，她的要强，她小身体里的大能量，让人感慨敬佩。

网友留言：

“你是女战士，但我更想有人宠你成公主。”

“朋友少没什么，一个人依然很开心，朋友多有什么用，出了事也没有一个愿意帮你。”

“喜欢和舒服的人在一起，长大了，你会发现，哪里又有什么走不散的好友。”

在这里，关于朋友的定义，关于成年人的友谊，关于拓展圈子的必要，我想和你们聊一聊。

01

圈子不同，何必强融

还记得上学那会去听演讲，讲师问：“在你们眼里，步入社会什么最重要？”

身旁的学长低声说了一句“人情”。

得人脉者走天下，成了大众缄口沉默的真理，更有人总结“学历是铜牌，能力是银牌，**人脉是金牌**”。

《欢乐颂》里的樊胜美就是深谙此理的“聪明人”，她混迹各种名流场所，企图和那些人打成一片。

电视剧里有一幕令人印象深刻，曲筱绡和朋友参加聚会，看到了一角被冷落的樊大姐，她上前就是一阵奚落：“今天这种场合只认衣服不认人，都是圈内人，喊过来的女人都是用来调戏的。”

樊大姐其实早就在心底犯嘀咕，觉得带自己来的男人就是个流氓，因为他同时带了好几个女人，但她还是嘴硬地反驳。

用曲筱绡的话说，现在的人都精明，你没资源，想空手套白狼，那是妄想。

即使你百般讨好，要到了那些人的联系方式，也是徒劳。

后来樊胜美的家里真的出了事，她一个个地拨打那些号码，她低声下气地哀求，有的人直接没接，有的人委婉拒绝。

她心灰意冷地打给那个本以为是金龟婿的男人，他更是狠绝，给了一张小金额的购物卡，只想尽快打发她走。

他们的冷漠也可想而知，在他们的眼里自己是企业家，不是慈善家，本就没有交集的人，也不想给自己添麻烦。

很喜欢一句话：**不要做廉价的自己，不要随意去付出，不要一厢情愿地去迎合别人，圈子不同，不必强融。**

生活里从来没有捷径，与其一味地拓展无效社交，倒不如专心打磨自己，长出属于自己的羽翼。

02

时间很贵，要留给值得的人

余华在《在细雨中呼喊》中曾说：

我不再装模作样地拥有很多朋友，而是回到了孤单之中，以真正的我开始了独自的生活。

有时我也会因为寂寞而难以忍受空虚的折磨，但我宁愿以这样的方式来维护自己的自尊，也不愿以耻辱为代价去换取那种表面的朋友。

什么叫真正的朋友？很久以前我在公司和同事闲聊，她来了兴致要给自己的好友牵红线，觉得我认识的一个女生很适合。

一看照片，她的八卦心和猎奇欲都被勾起，从女孩的老家问到女孩的上段恋情。那时我才意识到，我居然连这个女孩是92年出生还是91年出生都分不清。

是朋友吗？那个女孩只是我在外游玩时，偶然认识的旅友，聊得投缘，一起结伴玩了几天。在我的印象里，她是个渴望爱情却没遇到适合伴侣的靠谱的女孩，再多我已不知。

同事让我去问问，我打了一串字后突然开始斟酌用词，我怕自己的唐突，怕突然打扰了别人，怕自己的好心办了坏事，那一瞬间让我恍惚。

后来我想，她就像滞留在微信里的，其他若干联系人，多是过客，不算是朋友。少了些不管不顾的沟通欲望，多了些局促和彷徨，恰巧这些瞬间注定了日后再难有交集。

那怎样的人才算是朋友？

得有多了解，得相处多久，得为对方做过什么，或者说有意愿做什么的人，才算是自己的朋友？

无意间看到一段话很真相，它说**真正的友谊是不喧嚣的。**

一个人不可能有许多朋友。所谓的朋友遍天下，不是一种诗意的夸张，便是一种浅薄的自负。

热衷于社交的人往往自诩朋友众多，其实他们心里明白，社交场上的主宰绝不是友谊，而是时尚、利益或无聊。

真正的朋友，大多是安静的，牢牢地占据在你心底的一个角落，给你力量，给你温暖。

你明确地知道，自己不用怕跌倒，他们会托住你；你在心里笃定，一个电话，他们就会来到你的身边，但你还是会克制，不去打扰。

有些人注定是你生命的癌，而有些人只是一个喷嚏而已，**时间很贵，要留给值得的人。**

03

成年人的友谊，是尊重和空间

后来我好不容易分辨了值得，却把她们弄丢了。

想起张韶涵在一开始表达自己朋友少时，有个留言特别扎心，她说朋友少这件事，半分不由人，有时候你说你一个人就很好，不需要朋友，其实是你得不到，所以假装不想要。

知乎上有个话题叫“和朋友渐行渐远直至分道扬镳是什么感受”，几千条回复，让人看完很是无奈。

有个高赞回答让人泪目：

一开始觉得，你不找我，也别想我先找你，自己最酷。后来会委屈，很委屈很委屈，你怎么就这么走出我的生活了呢？

最后明白，原来人在风中，聚散不由我。

好友维安曾和我闲聊，关于成年后的友谊，她说成年人多的是一夕友情，不是说不够真诚，而是会坦然地接受，接受同路的人在岔路口分别，接受她对自己有所保留。

她讲自己的发小去国外留学，饯行的那天，那个人给了自己很踏实的拥抱，她还责怪地劝：“又不是不见了，搞得这么矫情干吗。”

但过了好久后，她开始感激那个温情的拥抱，她说：“真的要仔细品尝啊，以后真的不一定还会有。”

虽然都说有趣的灵魂终会相遇，但是你们不知道还有后半句：他们短暂交谈，哈哈一笑，然后朝着各自奋斗的方向跑去。

成年后的我们再不能像小时候一样，只求同步，一味渴望彼此的全部，绝对的坦诚。

我们慢慢开始明白，每个人都有她自己要走的路，我们不再强求在意的人一定要跟上来，我们开始收回那些渴望，转而珍惜所有相处的美好。

让人动容的友情，同行过一段就很美妙。

成年人间最好的友情，再不是一丝不挂的坦诚，更多的是彼此的尊重和空间，是心照不宣的珍惜，是不知道什么时候会走散，却时刻给予最大的祝福。

04

圈子要小，干净就好

鲁迅的《故乡》里面有一段话，描述多年不见的好友再次相见的场景：

我这时很兴奋，但不知道怎么说才好，只是说：“阿！闰土哥，你来了？”

我接着便有许多话，想要连珠一般涌出：角鸡，跳鱼儿，贝壳，猹……但又总觉得被什么挡着似的，单在脑里面回旋，吐不出口外去。

他站住了。脸上现出欢喜和凄凉的神情；动着嘴唇，却没有作声。他的态度终于恭敬起来了，分明地叫道：“老爷！”

我似乎打了一个寒噤：我就知道，我们之间已经隔了一层可悲的厚障壁了。

像极了忐忑不安，和多年老友再次相见的场景，期待和在意同时哽在心口，但看看现实，恍惚间颓然发现，两人早已走远，再回不去从前。

你很不舍，也会难过，但我希望那时候的我们不要问自己，明明曾那样要好，为什么变成了这样？

那就再给彼此一个最真诚的拥抱，感激着这难得的再见。

他变得更好，你也是，这已令人欣喜；他有需要，你依然会挺身而出，你若有难，他亦是，这已足够。

曾看过一小段对话有被戳中。

问：“世间何为最珍贵？”

佛：“已失去和未得到。”

问：“那何事最煎熬？”

佛：“时时刻刻怕失去。”

爱情如此，友情亦是，保持一个尊重祝福的心态，就再不会纠结。

你从不只属于我，你有更大的空间，我也不只有拓展圈子这个出路，我们都有更广阔丰富的未来。

余生很珍贵，越长大，越要自信和笃定，守护好融进血液的骨气，刻在生命里的坚强。

越成长，越要通透警醒，舍弃没意义的饭局，扔掉虚情假意的朋友。

最后只想说，在自己喜欢的人身上用心，在自己不喜欢的人身上健忘，圈子要小，干净最重要。

会说话，是一个女人最高级的魅力

《让言值配得上你的优雅》中，席音说：

会说话的人，总能既巧妙地表达自己的想法，又让人心生愉悦，在交际圈中受到欢迎，生活自然也常伴“好运”。

会说话的女人有魔力，温婉知性，魅力动人，每个人都想成为这样的女人，但无数人都在困扰如何成为她们。

01

女人，总是爱和自己拧巴

有人曾感慨：“上帝给予女人靓丽的外表，却没有给她们与之匹配的舌头。”

她们总是爱絮叨，习惯口是心非，甚至有点咄咄逼人。

阿姨和小姨夫就是一对欢喜冤家，每天都要吵几架。

有一次，阿姨在公司受了委屈，一回到家，看到了丈夫乱放的鞋，上来就是一句："都是大爷，要人伺候，鞋都不会放还能干什么事情。"

姨夫自知理亏，也不计较，上去整理了鞋柜回到房间继续看电视，结果阿姨又发话了："当我是摆设是吧，说一句话有那么难吗？"

他火了："你又怎么了？"

"我怎么了，你不知道吗？我发的朋友圈你从来不看。"阿姨絮叨起在公司发生的事情。

她一边讲男人的不关心，一边讲公司的不公平；一边要男人评评理，一边觉得男人给不了意见常敷衍自己。

后来姨夫关了电视准备好好地和阿姨聊聊她的困扰，认真地给她评理的时候，她感觉自己又受伤了："平时也不见你多用心，你哄哄我，陪我吐槽一下不就行了，偏要说我也错了，我错了对你有什么好处吗？"

结果可想而知，争吵持续升级，两人不欢而散，明明是一件在公司受了委屈，想要被男人安抚的小事。

简单的一句倾诉，一句要安慰，一个拥抱就能解决的困扰，偏偏变成了一场闹剧。

02

女人的幸福，从好好说话开始

董卿在《朗读者》里曾说："**一个女人的幸福，从好好说话开始。**"

不是要求一个女人得多巧舌如簧，多博识风趣，而是要心平气和地表达，少一点情绪，多一点的共情，多一点的理解。

有一期的《奇葩说》里辩题是"情侣吵架，男人应不应该主动道歉"，陈铭假设了一个场景，他说如果老婆一回家就责怪你乱放的鞋，你要仔细想想，她是不是在哪里受了委屈。

你的第一反应不是说鞋的事情，而是应该一脚踢开那双鞋，安抚老婆问一句："亲爱的，今天谁又惹你不开心了？"

现场大家一片笑声，不是说这个故事有多幽默，而是这样的场景很是真相。

女人总是这样，不喜欢直接表达，喜欢说反话，渴望别人懂自己的口是心非，渴望被宠爱，被猜中内心所想。

她们习惯了在心底和自己拧巴，给自己设限，和自己赌气，甚至会默默地和自己做约定：他多说一句话，我就会告诉他我到底怎么想的，他再打一次电话我就接，再也不无理取闹。

可是结果往往事与愿违，委屈了自己，困扰了别人，破坏了彼此的关系。

记住，别人永远是别人，你不说清楚，对方永远都不会知道你到底在想什么。

愿意猜、愿意哄是情分，不想纠缠是本分，好好说话，直接表达，是你说好话的第一步。

03

委婉表达，是为他人考虑的善良

蔡康永在他的《说话之道》中写道：

把话说好，收获最大的是我们自己。你越会说话，别人就越快乐，别人越快乐，就会越喜欢你。

一次家庭聚会上，推杯换盏正热闹之时，表哥的新媳妇打碎了一只高脚杯。

清脆的声音异常刺耳，全场骤然安静，女孩一瞬间局促起来，慌张地看向表哥。

这时表哥的妈妈反倒高兴地说了一句“岁岁（碎碎）平安，好兆头”。

大家应和着又都笑出了声，一片祥和。

舅妈是家里公认最会说话的女人，不是说她文化有多高，能力有多强，而是她说话真诚，为人随和，处处为他人着想。

看到身边的人难堪，她不会静坐旁观，她总是能第一时间体会到别人的难处，设身处地地去化解。

很多人也会问，到底怎么才能变成一个机智的人，轻描淡写地说些玩笑话，便能缓解紧张的处境。

有人说这是高情商人的特权，有人说这是少有人具备的社交能力。

其实，不知道说什么的时候，就用你最希望别人对待你的方式去对待别人，多一点的主动，多一点的体谅，你就会多收获一份被看好的目光。

04

漂亮的嘴唇，要用来说好听的话

奥黛丽•赫本曾说：“美丽的女人，要有一双美丽的眼睛，用于发现别人的优点；一双漂亮的双唇，用来说好听的话。”

她饰演的《窈窕淑女》让我印象深刻。电影中，伊莉莎一开始是个街头卖鲜花的贫寒女孩，说话粗鲁，口音低俗。

后来她特别的口音被语言学家留意，教授夸口只要经过他的训练，卖花女也可以成为贵夫人。

他说，改变一个人说话的方式，就可以改变她整个人的气质，甚至一生。

剧情兜兜转转，教授开始矫正伊莉莎口音，教她说话。

教授从最基本的口音开始，到说话的逻辑，再到和人相处的礼仪、表达的语气。

最后，当女孩盛装出席赛马现场，她谈吐优雅、俏皮可人，年轻的才俊为她深深着迷之时，无不让人惊艳。

那时候我就在思考说话的魅力，体会自制的魔力和蜕变的梦幻。

她还是那个卖花女吗？本质上她依旧是，但她再不会大声吆喝。当她衣着得体、口齿清晰地与人交谈的时候，大脑在她出口之前做出了筛选：她在思考什么样的话才配得上自己这么可爱的形象。

肖骁曾说："每个人都渴望做自己，其实所有人都不知道，最真实自在的自己恰恰是自己最不喜欢的存在。"

会说话也是，与其说这是一项需要培养的能力，倒不如说这是一个自我克制，为人善良的选择。

那么好听的话，又是怎样的话？

它可能是俏皮的，可能很美妙悦耳，可能是巧妙机智的，无数场景下有太多可能。但它一定是真诚的，是委婉的，是克制的。

最后给大家分享一段无意间看到的素人留言：

这个年代，女孩只要稍微花点心思，就能很好看。但不是所有好看的姑娘，都美丽。

真正美丽的姑娘，不仅在颜值和头脑上过得去，更重要的是，相处下来的舒服和熨帖。

愿你们可以成为那个会说话的魅力女人，优雅得体，明艳动人。

情商高的女人，都懂得这4种说话方式

书中说：一个人的成功20%取决于专业能力，80%取决于人际关系。其中，**专业能力主要靠智商来获得，人际关系则主要依赖于情商。**

情商高的女人，往往春风得意，有贵人相助；情商低的女人，则怀才不遇，大多一事无成。

因此在重视智商发展的同时，女人也需要提高自己的情商，增强自己的社交影响力。

而一个高情商的女人，往往都这样说话。

01

先开口的人，占据主动权

谈判桌上，最先开口的人就赢了。

这是因为先开口的人拥有价格制定权，这是因为双方都不知道商品的价码，而最先报价的那个人制定的价格虽然不是最终的价格，但最终的价格也会和它相差无几。

这在商业之中叫作**价格锚点。**

情商高的女人虽然不一定理解价格锚点的含义，但在生活中遇到事情时也一定遵循这个道理。

比如遇到朋友借钱。

朋友借钱的时候，借与不借是个问题，借多少也是个问题，怎么借也是一个问题。处理不好的话，朋友甚至都能成为仇人。

有一个网友说：朋友找我借钱 10 万，我只借了 3 万，他就说我看不起他。最后不仅朋友没得做，还到处败坏我名声。

人情世事就是这样，不是做得越多，别人一定会感激你。**人性是贪婪的，总会根据自己的需求去要求别人。**在他们心里，如果别人不答应就是看不起他们。

高情商的女人，则是在朋友还没开口提借钱的时候，主动提出借 1 万，再说：“我一直都很欣赏你，但眼下我家经济也有一定困难，如果不嫌少你就拿着。”

一般情况下，即使别人想借 10 万，但听到这句话后，顶多会说借 3 万元，并且还会感激你。

这就是**心理锚点**。先开口的人占据了话语的主动权，后开口的即使想开高价，也不会太过离谱。

俗话说：“世事洞明皆学问，人情练达即文章。”这是说人世间说话能全凭心意，也不能全凭着一腔热血，而是要讲究正确的方式方法。

02

高情商的人多使用积极的词汇

曾经有读者问我：

为什么身边的人都不喜欢我？平时看她们说说笑笑很开心，但只要我一加入，气氛就会变冷，谁也不愿意多说两句话。

感觉她们好瞧不起自己，自己很烦。很生气她们为什么会这样对我？

而就在我和她对话的当口，我注意到她使用多是“瞧不起我”“我好烦”“很生气”等负面词语。

诗人安吉罗曾谈到过言语的力量。她说，言辞就像小小的能量子弹，射入肉眼所不能见的生命领域。

意思是语言具有暗示作用，说多了之后内心便会不自觉地遵守。

情商高的女人，开口就会给人希望，无论自己的处境多么糟糕，只要听她们说几句话就会守得云开见月明。

这并不是说情商高的人掌握了别人不知道的语言技巧，而是她们格外注意语言对他人造成的影响。

他们不由自主地将那些负能量词汇剔除自己的字典，让别人从自己的语言中感到力量。

低情商的女人一般都是消极、悲观的，而高情商的女人不管遇到什么事都会以积极乐观的心态去面对。

她们善于把自己的想法和言谈都投入到鼓舞人心的观念上，她们会为周围一切美好事物而感到愉悦，如蔚蓝的天空、雨后的花朵。

03

情商高的人，都懂得把握分寸

国画中有一种非常重要的技能，叫作留白，画面如果过满过实，在构图上就失去了灵动与飘逸，显得死气沉沉。

这时候就如果留下适当的空白，便有了无尽的奇思遐想。

说话也是一样。

中关村才女梁宁曾经说：在我少不更事的时候，经常几小时几小时地劝别人干这干那。

我劝过别人辞职，劝过人分手，劝过人转行，劝过人创业。我一直觉得自己讲道理讲得可对了，对方也全听明白了，但之后大家多半还是会选择在原地受苦。

后来，我明白了，劝人就5分钟。5分钟没说动的事，就不再劝了，而是应该听对方讲。

高情商的人不是话说得有多好听，而是要学会听。

《小窗幽记》有云：

凡事留不尽之意则机圆，凡物留不尽之意则用裕，凡情留不尽之意则味深，凡言留不尽之意则致远，凡兴留不尽之意则趣多，凡才留不尽之意则神满。

很多时候，别人向我们求助并不是他们真的遇到难以解决的难题，而是他们想找一个情绪发泄口去倾诉。只要听他讲完了，他的问题也就解决了。

所以，优秀的心理咨询师都是听患者讲内容，而不是自己讲道理。

04

情商高的女人，做事前先讲明规则

我一个朋友是设计师，除了主业之外偶尔也会接一些兼职，单子很小，利润也有限。

但她却对每一个介绍单子的人说：事成之后给你10%的佣金。

大多数人都会摆摆手说，不图你这个挣钱，但朋友还是支付了佣金。

朋友的情商很高我知道，但我没想到她居然在做事之前把事情想得这么周到。

10%的佣金虽然不高，但却明确告诉了别人，只要你帮我，我就会给你这个比例的“好处费”。

我另一个朋友也是设计师，她曾向我抱怨过一件事。她的朋友帮她介绍了一个单子，出于人情往来她请对方吃饭，可一顿饭花了她通过这个单子挣的钱，很不划算。

做事情最忌讳含糊不清，做事情之前先讲明规则，对方愿意就继续合作，对方不愿意最起码朋友还有的做。

上面这四种高情商女人的说话方式，你掌握了吗？